Onditas
Análisis Conjunto Tiempo-Frecuencia

UNIVERSITAS

UNIVERSITAS

Elizabeth Vera de Payer

ONDITAS
ANALISIS CONJUNTO
TIEMPO-FRECUENCIA

UNIVERSITAS

Editorial Científica Universitaria

Obispo Trejo 1404. 2B. B° Nueva Córdoba. Te/Fax: 54-351-3650681. (5000) Córdoba. Argentina.

Email: universitaslibros@yahoo.com.ar

Diseño de Tapa:	Ing. Jorge G. Sarmiento
Autoedición:	El autor
Producción Gráfica:	Universitas.

ISBN: 978-987-572-041-1

Indice

1

LA NECESIDAD DEL ANÁLISIS TIEMPO-FRECUENCIA

1.0. INTRODUCCIÓN

Desde el punto de vista matemático, una señal puede ser representada de muy distintas maneras. En general las que se obtienen en las aplicaciones de la ingeniería son funciones del tiempo. Pero en el estudio y análisis de señales y sistemas sabe ser muy provechoso tener una representación en el dominio de la frecuencia ya que permite extraer características que permanecen ocultas en el dominio del tiempo y que resultan de gran utilidad para comprender su naturaleza o facilitar el diseño de los sistemas.

Mientras que una función en el dominio temporal indica cómo la amplitud de la señal cambia en el tiempo, su representación en el dominio de la frecuencia permite conocer cuan a menudo esos cambios tienen lugar. La vinculación entre estas dos formas la brinda la Transformada de Fourier cuya idea fundamental es la de descomponer la señal en la suma pesada de funciones sinusoidales. Si bien la Transformada de Fourier en muchas situaciones es de gran utilidad, no resulta en todos los casos apta para analizar señales de la vida real, que son normalmente de duración finita y aun a veces de corta duración. Comparar señales tales como las sísmicas o las biomédicas, como así también los transitorios y las señales de radar con las señales sinusoidales que se extienden de $-\infty$ a $+\infty$ en el tiempo no aparece como lo más adecuado.

Recordando la expresión de la Transformada de Fourier

$$X(\omega) = \int\limits_{-\infty}^{\infty} x(t).e^{-j\omega t}dt$$

se observa que es necesario el conocimiento de toda la información temporal de la señal para realizar su análisis en frecuencia. Luego no es posible implementarlo para aplicaciones en tiempo real, porque carecemos de información sobre la evolución de la señal en el futuro. Asimismo, discontinuidades o transiciones abruptas que pueden ser debidas a características particulares de la misma o por ruido aditivo en un instante determinado, produce efectos que se extienden sobre todo el rango de frecuencias. Resulta también inadecuada para el trabajo con señales transitorias, las cuales presentan componentes de vida corta.

Todo esto es consecuencia de que hay una hipótesis subyacente en el análisis de Fourier, y esta es la estacionariedad de la señal en estudio.

Para las señales aleatorias esto se traduce en que las características estadísticas de la señal son independientes del tiempo, en particular el valor medio, la variancia y la autocorrelación que depende entonces sólo del lag.

Para señales determinísticas la estacionariedad se relaciona con tener características espectrales que no cambian en el tiempo.

Más formalmente la estacionariedad de las señales determinísticas se establece en base a la señal analítica asociada o envolvente compleja $x_a(t)$.

Recordar:

Dada $x(t)$, $x_a(t) = x(t) + j\,\hat{x}(t)$ con $\hat{x}(t)$ Transformada de Hilbert de $x(t)$.

Se define:

- La amplitud instantánea $\qquad\qquad a(t) = \left\| x_a(t) \right\|$

- La frecuencia instantánea $\qquad\qquad f(t) = \dfrac{1}{2\pi}\dfrac{d\arg x_a(t)}{dt}$

Una señal analítica se dice estacionaria si tiene amplitud y frecuencia instantanea constante. Se muestra que las señales transitorias no son estacionarias.

Otra limitación importante es que a través de la Transformada de Fourier no es posible analizar la evolución de los contenidos de frecuencia de la señal en el tiempo. En efecto, cuando se pasa al dominio frecuencial se pierde toda información temporal por lo que no se puede determinar los instantes en que una señal presenta cambios, alteraciones o rupturas.

Para solucionar estos problemas se debe realizar un Análisis Tiempo-Frecuencia que mapea una señal $x(t)$ en una imagen, esto es una función 2-dimensional del tiempo y la frecuencia, la cual exhibe la localización temporal del espectro de la señal.

Esto equivale a una representación en frecuencia variante en el tiempo brindando una indicación de los instantes precisos en los cuales se observan la presencia de ciertas componentes espectrales.

1.1. BASES Y FRAMES

Un objetivo típico en el procesamiento de señales es encontrar una representación de las mismas en el cual ciertos atributos se hagan explícitos.

Cuando en el estudio de las propiedades de una señal, éstas no son obvias en el dominio del tiempo, normalmente se la mapea en otro dominio en el cual las características a analizar se presenten de forma más evidente.

Como herramientas de partida se usan la expansión y el producto interno.

Dada una señal x en un dominio **D** sea éste de dimensión finita o infinita, es posible escribirla como combinación lineal de un conjunto de funciones elementales $\{v_n\}_{n\in\mathbb{Z}}$ convenientemente elegidas donde $\mathbb{Z}$ denota un conjunto de enteros. Así la expresión

$$x = \sum_{n\in Z} a_n v_n$$

constituye la llamada expansión o serie representativa de la señal x.

A partir de esta expresión, cuando el conjunto $\{v_n\}_{n\in\mathbb{Z}}$ es un frame (APENDICE 1), existe otro conjunto de vectores que forman el frame dual $\{w_n\}_{n\in\mathbb{Z}}$ tal que los coeficientes de la expansión pueden ser computados como

$$a_n = <x, w_n> = \int_{-\infty}^{\infty} x(t)\,\overline{w}_n(t)\,dt$$

caso continuo o

$$a_n = <x\,w_n> = \sum_{k=-\infty}^{\infty} x[k]\,\overline{w}_n[k]$$

caso discreto

Las $w_n(t)$ se llaman funciones de análisis. En correspondencia, las $v_n(t)$ se denominan funciones de síntesis.

Por ejemplo, para estudiar las propiedades de periodicidad de una señal, usualmente se la escribe como la suma de funciones exponenciales complejas armónicamente relacionadas (Fourier) de la forma:

$$\exp(j2\pi\, nt/T)$$

que corresponde a impulsos a las frecuencias $2\pi\, n/T$.

El conjunto de funciones $\{\exp(j2\pi nt/T)\}$ forman una base ortogonal, en cuyo caso, las funciones duales y las funciones elementales son del mismo tipo.

Luego los coeficientes de la expansión de la Serie de Fourier resultan:

$$a_n = \frac{1}{T}\int_{-T/2}^{T/2} x(t).\exp(-j\frac{2\pi}{T}nt)dt$$

Debido a que el producto interno refleja las similitudes entre las señales involucradas, los coeficientes de la Serie de Fourier indican la proporción de señal presente a la frecuencia $2\pi n/T$.

Obviamente, funciones elementales diferentes conducirán a distintas visualizaciones de la señal. Uno de los principales problemas del análisis de señales es como elegir las funciones elementales y como computar las funciones duales para una aplicación determinada.

Resumiendo, el concepto de expansión es fundamental para la representación de señales. El objetivo a enfrentar es la selección de las funciones elementales adecuadas entendiendo por tal

    a) que las funciones elementales tengan la interpretación física deseada

b) que el conjunto de funciones elementales $\{v_n\}_{n\in\mathbb{Z}}$ sea simple de construir.

Una vez que las funciones elementales son elegidas, queda por resolver cómo se computan las correspondientes funciones duales.

Si el conjunto $\{v_n\}_{n\in\mathbb{Z}}$ forma una base ortogonal, el problema es muy sencillo ya que las funciones duales son ellas mismas, como sucede en el caso de la expansión de Fourier.

Sin embargo, en la mayoría de las aplicaciones, las funciones elementales deseadas no cumplen esta condición, las funciones duales pueden no ser únicas y para elegir las más convenientes se deben agregar condiciones adicionales.

Es importante hacer notar que el papel desempeñado por las funciones elementales y sus duales es intercambiable.

$$x(t) = \sum_n <x, w_n> v_n(t) = \sum_n <x, v_n> w_n(t)$$

Decidir si se usa el conjunto

$$\{v_n\}_{n\in\mathbb{Z}} \ \acute{o} \ \{w_n\}_{n\in\mathbb{Z}}$$

como funciones de análisis para computar los coeficientes de la expansión, depende de la aplicación requerida. Si se está básicamente interesado en los coeficientes de la expansión, como sucede generalmente en la Transformada de Fourier con Ventanas o la Transformada Ondita, se usará los elementos del conjunto $\{v_n\}_{n\in\mathbb{Z}}$ como funciones de análisis, porque ellas han sido seleccionadas primero y por lo tanto es más fácil hacerles cumplir los requerimientos.

1.2. LIMITACIONES DE LA TRANSFORMADA DE FOURIER

Para caracterizar el comportamiento de la señal en los dominios del tiempo y la frecuencia simultáneamente, las funciones elementales necesitan ser localizadas en ambos dominios.

Para una señal no periódica $x(t)$ en $L^2(\mathbb{R})$, resulta

$$x(t) = \frac{1}{2\pi} \int_{\infty}^{+\infty} X(\omega) e^{j\omega t} dt$$

con Transformada de Fourier

$$X(\omega) = \int_{-\infty}^{\infty} x(t) e^{-j\omega t} d\omega$$

lo que permite esa doble visión de la señal, en tiempo y en frecuencia. Pero sus propiedades no son independientes.

Si una función tiene una corta duración en el tiempo, su ancho de banda en frecuencia es grande y viceversa. Mirando con cuidado el espectro $X(\omega)$, éste puede ser interpretado como una función de coeficientes obtenidos expandiendo la señal $x(t)$ en una familia de ondas de duración infinita, $\exp\{j2\pi f\,t\}$, esto es completamente no localizadas en el tiempo aunque perfectamente ubicadas en frecuencia. Luego con el uso exclusivamente de la Transformada de Fourier no es posible obtener una representación de la señal bien localizada tanto en tiempo como en frecuencia

1.2.1. Duración en el Tiempo y Ancho de Banda en Frecuencia

La Transformada de Fourier establece la conexión entre las representaciones en tiempo y frecuencia. Sin embargo, la relación más importante en términos del análisis conjunto tiempo-frecuencia es establecida entre la duración de la señal en el tiempo y el ancho de banda en frecuencia.

Estos pueden ser introducidos de varias maneras. La forma más común de hacerlo se basa en la desviación estándar de la Teoría de las Probabilidades.

La energía de la señal $x(t)$ viene dada por:

$$E = \left\| x(t) \right\|^2 = \int_{-\infty}^{\infty} \left| x(t) \right|^2 dt = \frac{1}{2\pi} \int_{-\infty}^{\infty} \left| X(\omega) \right|^2 d\omega$$

Luego, las expresiones normalizadas

$$\frac{\left| x(t) \right|^2}{E} \quad ; \quad \frac{\left| X(\omega) \right|^2}{2\pi\,E}$$

pueden ser vistas como funciones de densidad de energía de la señal en los dominios del tiempo y la frecuencia respectivamente.

Asimilándolas a la función de densidad de probabilidad, se pueden usar los conceptos de momento de primer y de segundo orden para caracterizar cuantitativamente el comportamiento de la señal

De los momentos de primer orden:

$$t_m = \frac{1}{E_x} \int_{-\infty}^{\infty} t \left| x(t) \right|^2 dt \qquad\qquad \text{Tiempo promedio o medio}$$

$$\omega_m = \frac{1}{2\pi\,E_x} \int_{-\infty}^{+\infty} \omega \left| X(\omega) \right|^2 d\omega \qquad\qquad \text{Frecuencia promedio o media.}$$

Es posible expresar ω_m directamente en función del tiempo. Para ello consideremos

$$x(t) = A(t).e^{j\varphi(t)}$$

De las propiedades de la transformada de Fourier:

$$H(\omega) = \omega X(\omega) \Rightarrow h(t) = -j\frac{d}{dt}x(t)$$

$$\omega_m = \frac{1}{2\pi E}\int_{-\infty}^{\infty} H(\omega)\overline{X}(\omega)d\omega = \frac{1}{E}\int_{-\infty}^{\infty} -j\frac{d}{dt}x(t)\cdot\overline{x}(t)dt$$

Luego

$$\omega_m = \frac{1}{E}\int_{-\infty}^{\infty} -j(A'(t)\cdot\exp(j\varphi(t)) + A(t)\cdot j\,\varphi'(t)\exp(j\varphi(t)))\overline{x}(t)dt$$

$$\omega_m = \frac{1}{E}\int_{-\infty}^{\infty} -j(A'(t) + A(t)\cdot j\varphi'(t))A(t)dt = \frac{1}{E}\int_{-\infty}^{\infty} \varphi'(t)[A(t)]^2\,dt - \frac{j}{E}\int_{-\infty}^{\infty} A'(t)A(t)dt$$

Como la frecuencia media es real valuada, el segundo término debe ser cero. De donde:

$$\omega_m = \int_{-\infty}^{\infty} \varphi'(t)\frac{|x(t)|^2}{E}\,dt$$

expresión que dice que la frecuencia media es un promedio pesado de la frecuencia instantánea $\varphi'(t)$ sobre todo el dominio del tiempo.

En realidad a $\varphi'(t)$ debería ser llamada frecuencia instantánea media ya que a menudo la señal contiene más de una frecuencia en un instante determinado.

$\varphi'(t)$ es una cantidad muy importante. En análisis tiempo-frecuencia a menudo se usa para evaluar la bondad de un espectro dependiente del tiempo.

Es posible usar los momentos de segundo orden para medir la distribución de la energía de la señal en los dominios de tiempo y frecuencia. Normalmente se definen $2\Delta_t$ y $2\Delta_\omega$ que corresponden respectivamente a duración en el tiempo y ancho de banda en frecuencia de la señal en estudio a través de la expresión de la variancia:

$$\Delta_t^2 = \frac{1}{E}\int_{-\infty}^{\infty} (t-t_m)^2\,|x(t)|^2\,dt = \int_{-\infty}^{\infty} t^2\frac{|x(t)|^2}{E}\,dt - t_m^2$$

$$\Delta_\omega^2 = \frac{1}{2\pi}\int_{-\infty}^{\infty} (\omega-\omega_m)^2\frac{|X(\omega)|^2}{E}\,d\omega = \frac{1}{2\pi}\int_{-\infty}^{\infty} \omega^2\frac{|X(\omega)|^2}{E}\,d\omega - \omega_m^2$$

Se puede expresar $\Delta^2{}_\omega$ directamente en función del tiempo.

De la expresión $x(t) = A(t)\exp\left[j\varphi(t)\right]$, realizando un reemplazo similar al efectuado para ω_m resulta:

$$\Delta_\omega^2 = \frac{1}{E}\int_{-\infty}^{\infty}(\varphi'(t)-\omega_m)^2 A^2(t)dt + \frac{1}{E}\int_{-\infty}^{\infty}[A'(t)]^2 dt$$

lo que dice que el ancho de banda de frecuencia está completamente determinado por la variación de la magnitud $A'(t)$ y la variación de la fase $\varphi'(t)$ de la señal dato.

Para obtener una señal de banda angosta, se puede suavisar la magnitud o la fase. Si ambas son constantes, como en el caso de una sinusoide compleja $x(t) = \exp(j\omega_o t)$, el ancho de banda de frecuencia se reduce a cero.

EJEMPLOS

---

1) Sea $g(t) = \left(\dfrac{\alpha}{\pi}\right)^{1/4}\exp\left(-\dfrac{\alpha}{2}t^2\right)$ (señal gaussiana)

Se verifica

$$E = \int_{-\infty}^{\infty}|g(t)|^2\,dt = 1 \quad ; \quad \varphi'(t) = 0$$

Luego

$$\omega_m = 0 \quad ; \quad \Delta_\omega^2 = \alpha^2\sqrt{\frac{\alpha}{\pi}}\int_{-\infty}^{\infty}t^2\exp(-\alpha t^2)dt = \frac{\alpha}{2}$$

2) Sea $x(t) = s\,(t/a)$

Vinculando su energía, frecuencia media y ancho de banda con los de la señal $s(t)$ resulta

$$E_x = \int_{-\infty}^{\infty}|s(t/a)|^2\,dt = a\int_{-\infty}^{\infty}|s(t/a)|^2\,d(t/a) = a.E_s$$

Siendo

$$s(t) = A(t)\exp\left[j\varphi(t)\right] \Rightarrow x(t) = s(t/a) = A(t/a)\exp\left[j\varphi(t/a)\right]$$

Luego la primera derivada de la magnitud y la fase de $x(t)$ son

$$a^{-1}A'(t/a) \quad ; \quad a^{-1}\varphi'(t/a)$$

Llamando ω_m y Δ_ω a la frecuencia media y al ancho de banda de la señal $s(t)$, los valores correspondientes de $x(t)$ son:

$$\omega_m(a) = \frac{1}{aE_s}\int_{-\infty}^{\infty} a^{-1}\varphi'(t/a)A^2(t/a)dt = \frac{1}{aE_s}\int_{-\infty}^{\infty} \varphi'(t/a)A^2(t/a)d(t/a) = \frac{\omega_m}{a}$$

$$\Delta_\omega^2(a) = \frac{1}{a^2}\Delta_\omega^2$$

lo cual indica que un escalamiento en el tiempo conduce a un corrimiento en la frecuencia media y un escalamiento inverso en el ancho de banda.

Notar sin embargo que

$$\frac{2\Delta_\omega(a)}{\omega_m(a)} = \frac{2\Delta_\omega}{\omega_m} = Q$$

Esto es el escalamiento en el tiempo no cambia la razón entre el ancho de banda y la frecuencia media.

Existe una limitación muy importante conocida como **_Principio de Incerteza_** o **_desigualdad de Heinserberg_**, heredada de la definición de la Transformada de Fourier, que indica que una señal no puede tener simultáneamente un soporte arbitrariamente pequeño en tiempo y en frecuencia.

Esta condición se cuantifica considerando la duración en el tiempo y ancho de banda en frecuencia (o resolución en tiempo y frecuencia respectivamente) poniendo una cota inferior a su producto. Dicha cota depende de la forma en que se han definido Δ_t y Δ_ω

1.2.2. Teorema (Principio de Incerteza)

Si $\sqrt{t}s(t) \to 0 \quad para \quad |t| \to \infty$

luego

$$\Delta_t\Delta_\omega \geq \frac{1}{2}$$

La igualdad se satisface solo si $s(t)$ es la señal Gaussiana

Prueba

Por simplicidad suponemos

$$t_m=0 \; ; \; \omega_m = 0 \; ; \; E=1$$

Luego

$$\Delta_t^2 = \int_{-\infty}^{\infty} t^2|s(t)|^2\,dt \quad ; \quad \Delta_\omega^2 = \frac{1}{2\pi}\int_{-\infty}^{\infty} \omega^2|S(\omega)|^2\,d\omega$$

Reemplazando $\omega\, S(\omega) = H(\omega)$ y de la *Relación de Parseval* resulta

$$\Delta_t^2 \Delta_\omega^2 = \int_{-\infty}^{\infty} t^2 \left|s(t)\right|^2 dt \int_{-\infty}^{\infty} h(t)\overline{h}(t)dt$$

como

$$\omega S(\omega) \to -j\frac{d}{dt}s(t) \quad \Rightarrow \quad \Delta_t^2 \Delta_\omega^2 = \int_{-\infty}^{\infty} t^2 \left|s(t)\right|^2 dt \int_{-\infty}^{\infty} \left|\frac{d}{dt}s(t)\right|^2 dt$$

De la desigualdad de *Cauchy-Schwarz*

$$\int_{-\infty}^{\infty} t^2 \left|s(t)\right|^2 dt \int_{-\infty}^{\infty} \left|\frac{d}{dt}s(t)\right|^2 dt \geq \left|\int_{-\infty}^{\infty} ts(t).\frac{d}{dt}s(t)dt\right|^2$$

Pero:

$$\int_{-\infty}^{\infty} ts(t)\frac{d}{dt}s(t)dt = \frac{1}{2}\int_{-\infty}^{\infty} t\frac{d}{dt}s^2(t)dt = \frac{ts^2(t)}{2}\bigg|_{-\infty}^{\infty} -\frac{1}{2}\int_{-\infty}^{\infty} s^2(t)dt = -\frac{1}{2}$$

Lo cual implica que

$$\Delta_t.\Delta_\omega \geq \frac{1}{2}$$

Para que se verifique la igualdad, debe también hacerlo la relación de Cauchy-Schwarz, y ello sólo sucede si $s'(t) = k\,t\,s(t)$, situación que se verifica si $s(t) = A(t).\exp(-\alpha t^2)$ (Señal Gaussiana)

Observación: Notar que la señal Gaussiana $s(t) = \exp(-t^2)$ como así también su Transformada de Fourier que también es Gaussiana, tienen soporte infinito. Pero ellas son las más localizadas en el dominio tiempo - frecuencia tomando en consideración su "desviación estandar".

NOTA: El principio de incerteza fue inicialmente desarrollado en Mecánica Cuántica y toma distintas formas según donde va a ser aplicado. En procesamiento de señales está basado en la simple observación que mediciones precisas en tiempo y frecuencia son incompatibles ya que la frecuencia no puede ser medida instantáneamente. Esto es, si decimos que una señal tiene frecuencia ω_o, luego ésta tiene que ser observada un intervalo de tiempo $\Delta_t \geq 1/\omega_o$.

2

REPRESENTACIONES TIEMPO - FRECUENCIA

La Transformada de Fourier ha sido la herramienta más difundida para el estudio de las propiedades de frecuencia de una señal.

Sin embargo, basados sólo en ella y en el espectro de potencia, es difícil establecer si los contenidos de frecuencia de una señal evolucionan en el tiempo, aun cuando la fase de la Transformada de Fourier acusa el corrimiento en el tiempo.

Por otro lado, la mayoría de las señales del mundo real son no estacionarias. En esos casos, la Transformada de Fourier estándar no es adecuada y se deben buscar otros tipos de representaciones que contemplen estas variaciones.

Se tiene básicamente dos clases de representaciones: lineal y cuadrática (bilineal)

2.0. SOLUCIONES LINEALES

Prácticamente, se reduce a dos opciones:

a)   Transformada de Fourier con ventanas también llamada a tiempo corto (STFT)

b)   Transformada Ondita (WT)

Aunque puedan aparecer muy distintas, ambas se basan en comparar la señal a analizar con un conjunto de funciones adecuadamente seleccionadas. La diferencia estriba en cómo son construidos los conjuntos de funciones elementales.

2.1. LA TRANSFORMADA DE FOURIER A TIEMPO CORTO

La **Transformada de Fourier a tiempo corto** o **con ventanas** (STFT) puede ser interpretada como el resultado de comparar la señal dato con funciones elementales que están localizadas en tiempo y frecuencia.

En efecto

$$STFT(t,\omega) = \int_{-\infty}^{\infty} x(\tau).\overline{h}_{t,\omega}(\tau)d\tau = \int_{-\infty}^{\infty} x(\tau).\overline{h}(\tau-t).\exp(-j\omega\tau)d\tau \qquad [1]$$

responde a la expresión del producto interno regular entre la señal $x(t)$ y la función elemental $h(\tau - t)\exp(j\omega\tau)$ y por lo tanto refleja la similitud entre ambas.

La función $h\,(t)$ tiene usualmente corta duración y la llamamos **función ventana**.

Supongamos que la función $h\,(t)$ está centrada en $t = 0$ y su Transformada de Fourier en $\omega = 0$. Luego $h_{t,\omega}(\tau) = h(\tau - t)\,exp(\,j\omega\tau\,)$ no es sino una versión corrida en el tiempo frecuencia. Si su duración en el tiempo es Δ_t y su ancho de banda en frecuencia es Δ_w, luego la STFT en (1) indica el comportamiento de la señal en la vecindad

$$[t\text{-}\Delta_t,\ t +\Delta_t] \times [\omega - \Delta_\omega,\ \omega + \Delta_\omega]$$

Para estudiar mejor una señal en una particular $(\,t,\ \omega\,)$ es natural desear que Δ_t y Δ_ω sean lo más pequeños posible. Desafortunadamente, según ya hemos visto, ellos están vinculados por el Principio de Incerteza (1.2.2) $\Delta_t \Delta_\omega \geq \dfrac{1}{2}$. Luego hay una situación de compromiso en la elección de la resolución en tiempo y frecuencia. Si se elige $h(t)$ para tener buena resolución en el tiempo (Δ_t pequeño), luego su resolución en frecuencia se deteriora (Δ_ω aumenta) o viceversa.

La fórmula (1) puede ser también interpretada de otras maneras:

A) Se puede considerar como que resulta de multiplicar la función $\overline{h}(t)$ corrida en el tiempo, con la señal $x(t)$ para posteriormente computar la Transformada de Fourier del producto $x(\tau)\overline{h}(\tau - t)$ Con esta visión, el proceso consiste en seccionar la señal dato $x(t)$ en segmentos mediante la multiplicación por la "ventana deslizante" $\overline{h}(t)$ De esta manera se obtiene el "marco"o "frame" $x(\tau)\overline{h}(\tau - t_o)$ centrado en t_o y de igual longitud que la ventana h, al cual se calcula su Transformada de Fourier. Se corre luego la ventana a una nueva posición t_1 y se repite el proceso. La expresión obtenida resulta ser función del tiempo y de la frecuencia, pero también de la ventana utilizada.

Debido a que multiplicar por una ventana de longitud finita $\overline{h}(\tau - t)$ suprime efectivamente la señal fuera de una vecindad alrededor del punto de análisis $\tau = t$, la STFT da un espectro "local" de la señal x alrededor del tiempo t Efectuando corrimientos sucesivos de la ventana se puede obtener una idea aproximada de como los contenidos de frecuencia evolucionan en el tiempo.

B) La STFT puede ser vista como una aplicación desde el dominio del tiempo al dominio tiempo-frecuencia (*Figura 2.1*). Para cualquier función en el dominio del tiempo $x(t)$ y una función ventana adecuada $h(t)$, tal aplicación existe siempre. Pero la inversa puede no ser cierta. Esto es, para una $h(t)$ dada y una función arbitraria de 2 dimensiones $B(t,\omega)$, puede no existir una señal $x(t)$ cuya STFT sea $B(t,\omega)$, en cuyo caso decimos que $B(t,\omega)$ no es una Transformada de Fourier a tiempo corto válida.

Un ejemplo simple

$$B(t,\omega) = \begin{cases} 1 & para \quad |t| < t_o \; ; \quad |\omega| < \omega_o \\ 0 & otros \end{cases}$$

no es una T. de F. válida ya que ninguna señal puede ser de soporte compacto tiempo y frecuencia simultaneamente.

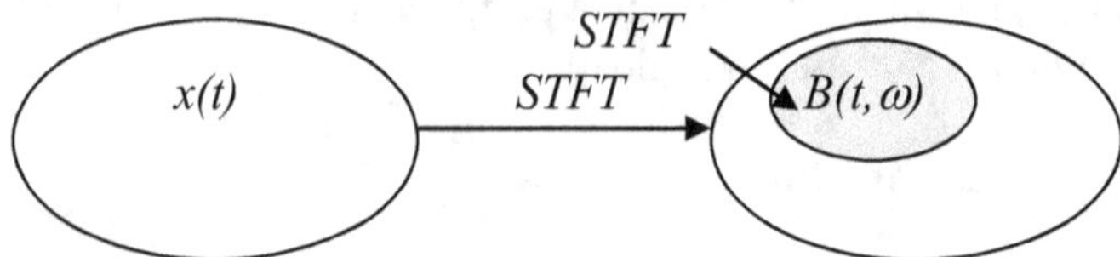

Figura 2.1.   La STFT es un subconjunto dentro del conjunto de la funciones 2-dimensionales tiempo-frecuencia

C) |Supuesto $h(t)$ real, podemos dar otra expresión para la STFT:

$$STFT_x(t,\omega) = \int_{-\infty}^{+\infty} x(\tau)h(\tau-t)e^{-j\omega(\tau-t)}.e^{-j\omega t}d\tau = e^{-j\omega t}\int_{-\infty}^{+\infty} x(\tau).h(\tau-t)e^{-j\omega(\tau-t)}d\tau$$

$$STFT_x(t,\omega) = \exp(-j\omega\, t)[x(t)*h(-t)\exp(j\omega t)]$$

Como la convolución * en el dominio del tiempo se corresponde al producto en el dominio de la frecuencia, es posible definir la STFT excepto por el factor de fase lineal $exp(-j\,\omega\,t)$ como la Transformada Inversa de Fourier del espectro ventanado $X(v).\bar{H}(v-\omega)$

$$STFT_x(t,\omega) = \exp(-j\omega\, t)\int_{-\infty}^{+\infty} X(v).\bar{H}(v-\omega)\exp(jvt)dv \qquad [2]$$

Luego la $STFT_x(t,\omega)$ puede ser considerada como el resultado de pasar la señal $x(t)$ a través de un filtro pasabanda cuya respuesta en frecuencia es $\bar{H}(v-\omega)$ construido a partir de un filtro de base $H(v)$ (T. de F. de la ventana) por una traslación en frecuencia de ω

De donde la STFT es similar a un banco de filtros pasabanda

Las interpretaciones A) y C) de la STFT, en el dominio del tiempo y en el de la frecuencia, pueden ser vistos como duales y permiten esquematizar en el plano T-F franjas verticales representando la Transformada de Fourier de los segmentos ventanados de la señal, o equivalentemente, franjas horizontales representando el banco de filtro pasabanda de análisis (*Figura 2.2*).

El principal objetivo de la ventana en la STFT es limitar la longitud de la señal a ser transformada a fin de que las características espectrales de los segmentos a analizar sean razonablemente estacionarias. Mientras más rápidamente los atributos de la señal cambian, más corta debe ser la ventana.

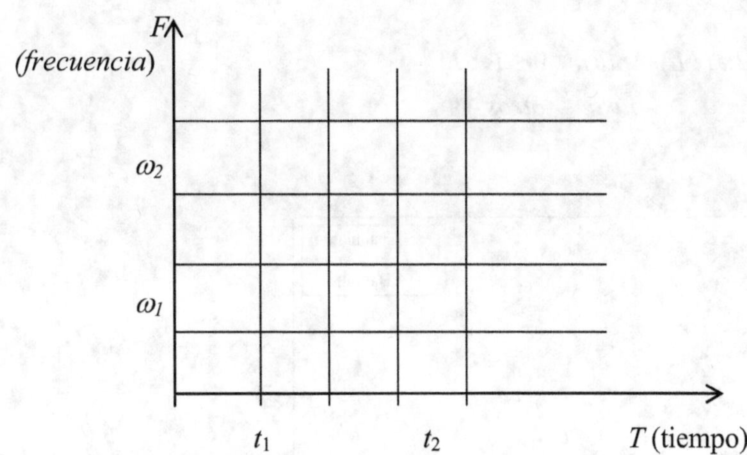

Figura 2.2.   Plano T-F de la STFT.
t_1 y t_2 especifica dos posiciones diferentes de la ventana temporal $h(t)$
ω_1 y ω_2 son dos frecuencias centrales de la ventana espectral $H(\omega)$

2.1.1. Ventanas

Debido al papel prioritario que éstas desempeñan en la Transformada de Fourier a tiempo corto, es que merecen que sean analizadas especialmente.

Se usan distintas formas de ventanas casi siempre con las características de ser reales, simétricas y cuya longitud depende de la señal en estudio. El objetivo es seccionar la señal dato en "frames" de análisis donde la señal se considera estacionaria Así por ejemplo para la señal de voz, las longitudes de las ventanas oscilan entre 10 y 30 mseg.

Si bien cualquier filtro limitado en el tiempo puede ser usado como ventana, hay algunas que por su uso frecuente reciben nombres particulares (*Figura 2.3*).

Ventana Rectangular

$$h(t) = \begin{cases} 1 & para \quad 0 \leq t < L \\ 0 & otros \end{cases}$$

Ventana Bartlett

$$h(t) = \begin{cases} 2t/L & para \quad 0 \leq t < L/2 \\ 2 - 2t/L & para \quad L/2 \leq t < L \\ 0 & otros \end{cases}$$

Ventana Blackman

$$h(t) = \begin{cases} 0.42 - 0.5\cos(2\pi t/L) + 0.08\cos(4\pi t/L) & para \quad 0 \leq t < L \\ 0 & otros \end{cases}$$

Ventana Hanning

$$h(t) = \begin{cases} 0.5 - 0.5 \cos(2\pi t / L) & para \quad 0 \leq t < L \\ 0 & para \quad otros \end{cases}$$

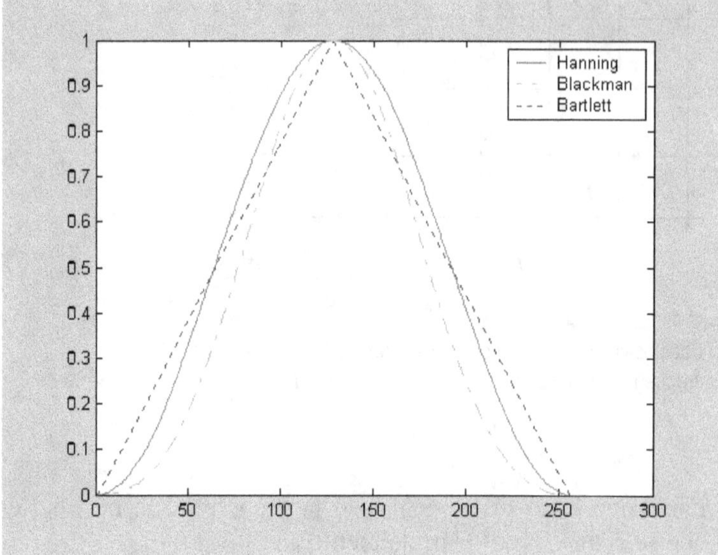

Figura 2.3:   Algunas ventanas usuales. Representación temporal.

Veamos cual es el efecto de la ventana en la Transformada de Fourier de la señal.

En el dominio del tiempo, la ventana no sólo lleva a cero los valores de la señal más allá de su longitud, sino que también modifica las amplitudes relativas, salvo que se elija una ventana rectangular.

Considerando la STFT como la Transformada de Fourier del producto de la señal $x(\tau)$ y la de la ventana $\bar{h}(\tau - t)$ (interpretación A), ella equivale a la convolución de la T. de Fourier de la señal y la T. de Fourier de la ventana. Luego mientras más se asemeje $H(\omega)$ a un impulso más similar será la STFT a la T. de Fourier de $x(t)$.

Las ventanas usuales presentan un espectro pasabajo con un lóbulo principal a bajas frecuencias y varios lóbulos laterales atenuados.

Lo deseable es tener un lóbulo principal angosto y gran atenuación en los lóbulos laterales ya que estos últimos son responsables de introducir "leakage" (derrame) de una componente de frecuencia en las componentes vecinas. Por otro lado, para un mismo tipo de ventana, el lóbulo principal es más angosto mientras más larga es la ventana temporal.

Se observa que la ventana rectangular (en azul) presenta un adecuado lóbulo principal, pero la importancia de los lóbulos laterales prácticamente la descalifican para ser usada en análisis de espectro (*Figura 2.4*).

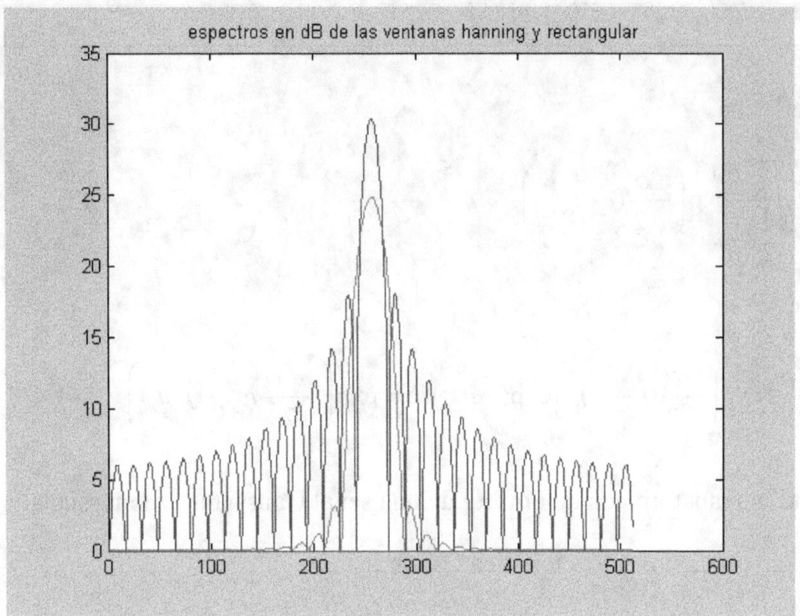

Figura 2.4:   Espectro de las ventanas Hamming (rojo) y rectangular (azul)

La dualidad tiempo-frecuencia de la STFT, heredada de la correspondiente propiedad de la Transformada de Fourier, trae aparejado una situación de compromiso en la elección de la longitud de la ventana. Esto está vinculado a la resolución en el tiempo y en frecuencia, esto es la capacidad de discriminar entre dos impulsos en el tiempo separados Δ_t, y dos impulsos en frecuencia separados Δ_ω y que se corresponden con la desviación estándar respectiva.

$$\Delta_t = \left[\frac{\int\limits_{-\infty}^{+\infty} t^2 \, \|h(t)\|^2 \, dt}{\int\limits_{-\infty}^{+\infty} \|h(t)\|^2} \right]^{1/2} \quad ; \quad \Delta_\omega = \left[\frac{1}{2\pi} \frac{\int\limits_{-\infty}^{+\infty} \omega^2 \, \|H(\omega)\|^2 \, d\omega}{\int\limits_{-\infty}^{+\infty} \|H(\omega)\|^2 \, d\omega} \right]^{1/2}$$

Como ya hemos mencionado, cualquiera sea $h(t)$, la resolución en tiempo y frecuencia no pueden ser arbitrariamente pequeñas porque su producto está acotado inferiormente

$$\Delta_t . \Delta_\omega \geq \tfrac{1}{2}$$ **Principio de Incerteza o Desigualdad de Heisenberg**

Si se disminuye la longitud de la ventana, mejora la resolución en el tiempo, pero provoca un empeoramiento de la resolución en frecuencia.

La situación más favorable se da cuando $\Delta_t . \Delta_\omega = 1/2$ y corresponde a la ventana Gaussiana. Esta fue la solución elegida por GABOR cuando planteó el problema de las señales no estacionarias. Sin embargo, a menudo se prefiere otras ventanas por dificultades en la estabilidad numérica cuando se usa la Gaussiana.

Lo importante es que una vez que se ha elegido la ventana, la resolución en el tiempo y la frecuencia es fija, independientemente de las características de la señal.

EJEMPLO

a) Sea la señal Gaussiana

$$x(t) = \sqrt{\frac{\alpha}{2\pi}}\, \exp\!\left(-\frac{\alpha}{2}(t-t_m)^2\right) \tag{3}$$

Su Transformada de Fourier es

$$X(\omega) = \int \sqrt{\frac{\alpha}{2\pi}}\, \exp\!\left(-\frac{\alpha}{2}(t-t_m)^2\right)\exp(-j\omega t)dt = \exp\!\left(-\frac{1}{2\alpha}\omega^2 + j\omega t_m\right) \tag{4}$$

lo cual muestra que la Transformada de Fourier de una señal Gaussiana es Gaussiana.

La fórmula (4) se llama Función Característica Gaussiana

El corrimiento en el tiempo de (3) corresponde a corrimiento de fase en (4). Se observa que la variancia en la representación frecuencial está inversamente relacionada con la variancia en el tiempo

b) Sea

$$x(t) = \left(\frac{\beta}{\pi}\right)^{1/4} \exp\!\left(-\frac{\beta}{2}t^2\right)$$

$$h(t) = \left(\frac{\alpha}{\pi}\right)^{1/4} \exp\!\left(-\frac{\alpha}{2}t^2\right)$$

Reemplazando en la ecuación (1)

$$STFT(t,\omega) = \left(\frac{\alpha\beta}{\pi^2}\right)^{1/4} \int \exp\!\left(-\frac{\beta}{2}\tau^2\right)\exp\!\left(-\frac{\alpha}{2}(\tau-t)^2\right)\exp(-j\omega\tau)d\tau$$

$$= \left(\frac{2\sqrt{\alpha\beta}}{\alpha+\beta}\right)^{1/2} \exp\!\left(-\frac{\alpha\beta}{2(\alpha+\beta)}t^2 - \frac{1}{2(\alpha+\beta)}\omega^2 + j\frac{\alpha}{\alpha+\beta}\omega t\right)$$

2.1.2. Reconstrucción de la Señal

A partir de (1), tomando la Transformada de Fourier Inversa

$$\frac{1}{2\pi}\int_{-\infty}^{\infty} STFT(t,\omega).\exp(j\mu\omega)d\omega = \frac{1}{2\pi}\int_{-\infty}^{\infty}\int_{-\infty}^{\infty} x(\tau)h(\tau-t).\exp(j(\mu-\tau)\omega)d\tau\,d\omega$$

$$= \int_{-\infty}^{\infty} x(\tau)h(\tau - t)\delta(\mu - \tau)d\tau = x(\mu)h(\mu - t)$$

Haciendo

$$\mu = t \Rightarrow x(t) = \frac{1}{2\pi h(0)} \int_{-\infty}^{\infty} STFT(t,\omega).\exp(jt\omega)d\omega \qquad (5)$$

Esto implica que dada la $STFT(t,\omega)$, es posible recobrar la señal $x(t)$.

Hay que notar que (5) es una representación altamente redundante y que en realidad $x(t)$ puede ser completamente reconstruida a través de una versión muestreada de la STFT.

Haciendo $t=mT$ y $\omega = n\Omega$ se obtiene $STFT(mT, n\Omega)$, donde T indica el corrimiento en el tiempo de dos posiciones correlativas de la ventana y Ω su traslación en frecuencia.

$$STFT(mT,n\Omega) = \int_{-\infty}^{\infty} x(\tau)\overline{h}(\tau - mT).\exp(-jn\Omega\tau)d\tau \qquad (6)$$

Sin embargo en este caso la reconstrucción no es tan simple como en (5) y debe ser analizada con cuidado.

2.2. LA EXPANSIÓN DE GABOR

En 1946 Gabor sugirió representar la señal en dos dimensiones con el tiempo y la frecuencia como coordenadas. Para ello propuso expandir la señal en un conjunto de funciones concentradas tanto en tiempo como en frecuencia

Para una señal $x(t)$

$$x(t) = \sum_{m=-\infty}^{\infty} \sum_{n=-\infty}^{\infty} C_{m,n} g_{m,n}(t) = \sum\sum C_{m,n} g(t - mT)\exp(jn\Omega t) \qquad (7)$$

Esta expansión discreta tiempo-frecuencia es conocida como la **expansión de Gabor,** donde $C_{m,n}$ son los **coeficientes de Gabor** y las funciones $g_{m,n}$ las **"logons", "átomos"** o **"funciones elementales de Gabor".** T y Ω corresponden a los escalones de corrimiento en tiempo y frecuencia de las mismas.

Así

$$g_{m,n}(t) = g(t - mT).\exp(jn\Omega t)$$

El producto $T.\Omega$ determina la densidad de la grilla de muestreo (*Figura 2.5*)

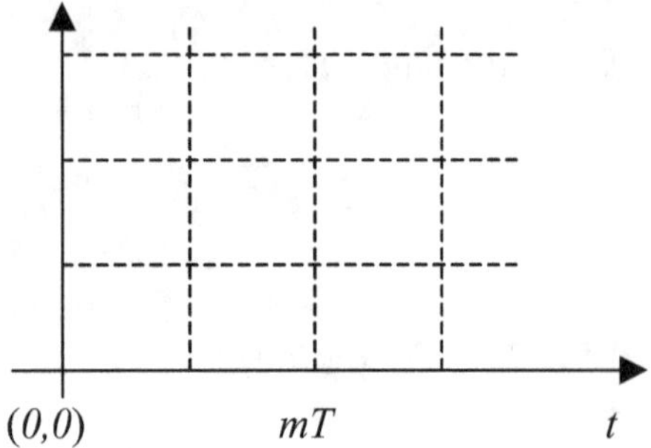

Figura 2.5: Grilla de muestreo de Gabor

Se muestra que la condición necesaria para la existencia de la expansión de Gabor es que la celda de muestreo $T.\Omega$ debe ser suficientemente pequeña debiendo satisfacer $T.\Omega \leq 2\pi$.

Intuitivamente, si la celda de muestreo $T.\Omega$ es muy grande, no tendremos suficiente información para recobrar completamente la señal original. Por otro lado, si $T\,\Omega$ es muy pequeño, la representación será redundante. Tradicionalmente se llama muestreo crítico cuando $T.\Omega = 2\pi$ y sobremuestreo si $T.\Omega < 2\pi$.

Aunque Gabor en su momento no conocía esta condición, eligió las celdas con $T.\Omega = 2\pi$.

En su trabajo original, Gabor seleccionó la función Gaussiana como función elemental

$$g(t) = \left(\frac{\alpha}{\pi}\right)^{1/4} \exp(-\frac{\alpha}{2} t^2)$$

porque ella está óptimamente concentrada en el dominio conjunto tiempo-frecuencia, ya que alcanza la cota inferior en la resolución tiempo-frecuencia regido por el Principio de Incerteza:

$$\Delta_t.\Delta_\omega = \frac{1}{\sqrt{\alpha}} \frac{\sqrt{\alpha}}{2} = \frac{1}{2}$$

Aunque Gabor se restringió a señales elementales que tienen forma Gaussiana, la expansión (7) es válida para señales $g(t)$ de formas casi arbitrarias. Esto es, casi todas las señales $g(t)$ con sus versiones corridas en el tiempo y armónicamente moduladas pueden ser usadas como funciones elementales de Gabor.

Basada en el Teorema de la Expansión, si el conjunto de las funciones elementales de Gabor $\{g_{m,n}(t)\}$ es completo, luego habrá una función dual (o auxiliar) $h(t)$ tal que los coeficientes de Gabor pueden ser computados por la operación usual de producto interno (APÉNDICE 1)

$$C_{m,n} = \int x(t)\overline{h}_{m,n}(t)dt = \int x(t)\overline{h}(t - mT).\exp(-jn\Omega t)dt = STFT(mT, n\Omega) \qquad (8)$$

que es la **STFT muestreada** también conocida como **Transformada de Gabor.**

Para muestreo crítico, las funciones elementales de Gabor $\{g_{m,n}(t)\}$ son linealmente independientes. En este caso las funciones duales son únicas y biortogonales a $g(t)$.

En sobremuestreo, la función auxiliar no es única.

Se presentan dos problemas fundamentales a la implementación de la expansión de Gabor:

1)   Cómo computar las funciones duales $h(t)$

2)   Cómo seleccionar las funciones duales más adecuadas si ellas no son únicas.

Sustituyendo (8) en (7)

$$x(t) = \sum\sum \int x(\tau).\overline{h}_{m,n}(\tau)d\tau \ \ g_{m,n}(t) = \int x(\tau)\sum\sum \overline{h}_{m,n}(\tau)g_{m,n}(t)d\tau$$

Luego, la expansión de Gabor existe si y sólo si la doble sumatoria es la función delta:

$$\sum\sum \overline{h}_{m,n}(\tau)g_{m,n}(t) = \delta(t-\tau)$$

expresión que puede escribirse de la forma (**Identidad de Wexler-Raz**):

$$\frac{T.\Omega}{2\pi}\int g(t)\overline{h}^{0}_{m,n}(t)dt = \delta(m).\delta(n)$$

$$con \quad \overline{h}^{0}_{m,n}(t) = h(t-mT_o)\exp(jn\Omega_o); \quad T_o = \frac{2\pi}{\Omega}; \quad \Omega_o = \frac{2\pi}{T}$$

En el muestreo crítico, $T_o = T$; $\Omega_o = \Omega$, en cuyo caso $h_{m,n}(t) = h^{0}_{m,n}(t)$

Bastiaans (1980) dio una forma cerrada para la solución de $h(t)$ para la función Gaussiana $g(t)$ en muestreo crítico (*Figura 2.6*)

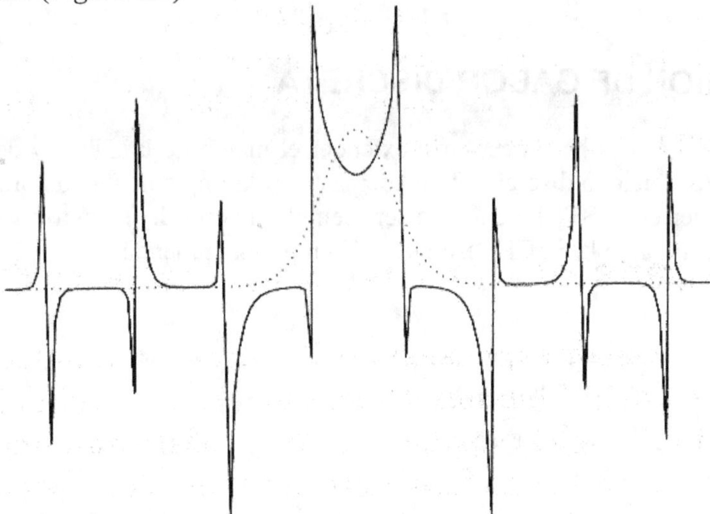

Figura 2.6: Función biortogonal correspondiente a la función elemental de Gabor Gaussiana

Aunque $g(t)$ en este caso, está óptimamente concentrada en tiempo y frecuencia, la función biortogonal correspondiente no está concentrada ni en tiempo ni en frecuencia.

Notar que a diferencia de las sinusoides complejas armónicamente relacionadas usadas en Serie de Fourier las cuales son ortogonales, el conjunto de las funciones elementales de Gabor no constituye una base ortogonal, por lo que la función dual $h(t)$ no es igual a la función elemental de Gabor $g(t)$.

Una consecuencia directa es que aunque se puede con relativa facilidad tener funciones elementales de Gabor óptimamente concentradas en el plano tiempo-frecuencia, las funciones duales $h(t)$ pueden no estar bien localizadas.

Luego los coeficientes de Gabor $C_{m,n}$, esto es el producto interno de la señal con las funciones duales, no necesariamente reflejan el comportamiento de la señal en la vecindad

$$[mT\text{-}\Delta_t,\ mT\text{+}\Delta_t] \times [n\Omega - \Delta\omega,\ n\Omega + \Delta_\omega]$$

El hecho de que los coeficientes $C_{m,n}$ describan o no el comportamiento local de la señal depende de la propiedad de las funciones duales.

Si $h(t)$ está mal concentrada en el dominio tiempo-frecuencia, los $C_{m,n}$ fallarán en describir el comportamiento local de la señal.

Finalmente se debe enfatizar que las funciones duales son intercambiables:

$$x(t) = \sum_{m,n} < x, g_{m,n} > h_{m,n}(t) = \sum_{m,n} < x, h_{m,n} > g_{m,n}(t)$$

La elección de cual de las dos, $g(t)$ ó $h(t)$, sea la usada para el análisis de la función en el cómputo de los coeficientes de Gabor, depende de la aplicación. Si se está fundamentalmente interesado en los coeficientes de Gabor, luego se deberá usar $g(t)$ para calcular los $C_{m,n}$, porque ésta ha sido seleccionada primero y es por lo tanto más fácil hacerle cumplir nuestros requerimientos.

2.3. LA EXPANSIÓN DE GABOR DISCRETA

El procesado digital de señales hace necesario extender el marco de la STFT y de la expansión de Gabor a señales a tiempo discreto. Pero además para la implementación práctica, cada Transformada de Fourier en la STFT tiene que ser reemplazada por la Transformada de Fourier Discreta (DFT), resultando la STFT Discreta en Tiempo y Frecuencia.

Así:

$$STFT[k,n] = STFT(t,\omega)\Big|_{t=kt_s,\,\omega=2\pi n/(Lt_s)}$$

Luego:

$$STFT[k,n] = \sum_{i=0}^{L-1} x(i)h(i-k).W_L^{-ni} \quad \text{con} \quad W_L^{-n,i} = \exp\left(-j\frac{2\pi}{L}ni\right)$$

donde $h(k) = h(k\,t_s)$ es la función ventana de longitud L y t_s es el periodo de muestreo.

La llamamos STFT Discreta para distinguirla de la STFT a tiempo Discreto donde la frecuencia es continua. Es fácil de verificar que la STFT Discreta es periódica en frecuencia:

$$STFT[k,n] = STFT[k,n+ l\ L] \quad para\ l = 0, \pm 1, \pm 2, ...$$

La extensión de la expansión de Gabor para el trabajo tanto a tiempo como a frecuencia discreta tiene dos grandes ventajas. Por un lado se impone por la necesidad del uso de los ordenadores digitales para el procesado pero también se logra una gran simplificación en la obtención de las funciones duales óptimas.

La digitalización de la expansión de Gabor es esencialmente un proceso de muestreo estándar. Hay que destacar que el muestreo de las variables temporales lleva a periodicidad en el dominio de la frecuencia. De forma similar, la digitalización de la variable frecuencial da por resultado periodicidad en el dominio del tiempo.

Cuando se digitaliza tanto los índices tiempo como frecuencia, la versión discreta de la expansión de Gabor en general es sólo aplicable para señales a tiempo discreto periódicas. Sin embargo, la facilidad de extender una sucesión finita a una señal periódica hace que todos los resultados desarrollados para señales periódicas sean automáticamente aplicados para muestras finitas.

Para una señal a tiempo discreto $x[k]$ de período L, la expansión discreta de Gabor está definida por:

$$x[k] = \sum_{m=0}^{M-1} \sum_{n=0}^{N-1} C_{m,n} g[k - m\Delta M].W_L^{n\Delta N\ k} \quad con \quad W_L^{n\Delta N k} = \exp\left(j \frac{2\pi n\Delta N}{L} k \right) \quad (9)$$

donde los coeficientes de Gabor responden a la expresión:

$$C_{m,n} = \sum_{k=0}^{L-1} x[k]\overline{h}[k - m\Delta M]W_L^{-n\Delta N\ k} \tag{10}$$

Tanto la señal $x[k]$, la función de síntesis $g[k]$ y la función de análisis $h[k]$ son todas periódicas de igual período L. La ecuación (9) se llama **expansión de Gabor discreta periódica**

Los términos ΔM y ΔN denotan los escalones de muestreo en tiempo y frecuencia discretos respectivamente. La tasa de muestreo se define por

$$\alpha = \frac{L}{\Delta M.\Delta N}$$

Se tiene muestreo crítico cuando $\alpha = 1$ y sobremuestreo cuando $\alpha > 1$

Para reconstrucción estable, la tasa de muestreo debe ser mayor o igual a 1.

Wexler y Raz (1990) propusieron que $\Delta M.M = \Delta N.N = L$ en cuyo caso M y N son iguales al número de puntos muestra en tiempo y frecuencia respectivamente. El producto $M.N$ es igual al número total de coeficientes de Gabor, de donde:

$$\alpha = \frac{\text{número de coeficientes de Gabor } M.N}{\text{número de muestras distintas } L}$$

lo cual indica que la tasa de muestreo es igual al cociente entre el número total de coeficientes de Gabor y el número de muestras distintas. Si $\alpha > 1$, la expansión de Gabor es redundante.

De la relación

$$\Delta N.N = L, \text{ resulta } \alpha = \frac{N}{\Delta M} \geq 1$$

que dice que para una reconstrucción estable, el escalón de muestreo en el tiempo ΔM tiene que ser menor o igual al número de canales en frecuencia N.

La cuestión que queda pendiente es cómo computar $h[k]$ para una dada $g[k]$ y los escalones de muestreo. A partir de (9) y operando se obtiene la versión discreta de la identidad de Wexler-Raz

$$\sum_{k=0}^{L-1} g[k+qN].W_{\Delta M}^{-pk}.\overline{h}[k] = \frac{\Delta M}{N}\delta[p]\delta[q] \quad con \quad 0 \leq p < \Delta M; \quad 0 \leq q < \Delta N$$

y que puede ser formulada en forma matricial por:

$$G.\overline{h} = \mu \qquad\qquad (11)$$

con G matriz $\Delta M.\Delta N \times L$ cuyas entradas están definidas como

$$g_{p\Delta M+q,k} = g[k+qN]W_{\Delta M}^{-pk}$$

y μ es el vector columna $\Delta M.\Delta N$ dado por

$$\mu = \left(\frac{\Delta M}{N},0,0,...,0\right)^{T}$$

En muestreo crítico, $\Delta M.\Delta N = L$, luego G es una matriz cuadrada LxL y la solución, si existe, es única. Para sobremuestreo $\Delta M.\Delta N < L$ la solución no es única y tendran que considerarse condiciones adicionales para seleccionar la más conveniente. De cualquier manera el algoritmo mostrado permite en casi todos los casos (dependiendo que el sistema sea compatible) computar las funciones duales de funciones elementales de Gabor arbitrarias.

El desarrollo presentado ofrece el inconveniente de partir del supuesto que tanto la señal en estudio como las funciones de análisis y síntesis son de igual longitud con las que se construyen señales periódicas de igual periodo, lo cual en muchas aplicaciones no es práctico, particularmente en aquellos casos en que el número de muestras dato L es grande y se desea que las longitudes de las funciones de análisis y síntesis sean independientes de L para poder usar ventanas cortas en procesos arbitrarios.

Para solucionar el problema se recurre a establecer un período común con uso del *"zero padding"*

Supuesta $x[k]$ de longitud L_x y las funciones elementales $g[k]$ y $f[k]$ de longitud L, se construyen sucesiones periódicas auxiliares de período común $L_0 = L_x + L - \Delta M$, las cuales se usan en las fórmulas vistas anteriormente. En particular:

$$G.\overline{h}_0 = \mu_0$$

donde h_0 es un vector $L_0 x 1$ y

$$\mu_0 = \left(\frac{\Delta M}{N}, 0, 0, ..., 0 \right)^T$$

siendo G una matriz $\dfrac{\Delta M . L_0}{N} \times L_0$ que puede ser escrita

$$\begin{bmatrix} G_o & G_1 & ... & G_{\Delta N-1} & 0 & .. & 0 & 0 \\ G_1 & ... & G_{\Delta N-1} & 0 & 0 & ... & 0 & G_o \\ ... & G_{\Delta N-1} & 0 & 0 & ... & ... & G_o & ... \\ G_{\Delta N-1} & 0 & 0 & 0 & 0 & ... & G_1 & ... \\ ... & & ... & & ... & & & ... \\ 0 & 0 & G_o & G_1 & ... & ... & 0 & 0 \\ 0 & G_o & G_1 & ... & G_{\Delta N-1} & ... & 0 & 0 \end{bmatrix}$$

donde G_i son matrices bloques $\Delta M x N$, cuyas entradas son

$$g_{p,k}(i) = g_{p,k}(q+l) = \overline{g}[(q+l)N + k] W_{\Delta M}^{-pk}$$

Manteniendo L finito, si $L_x \to \infty$ *luego* $L_o \to \infty$ las mismas fórmulas (9) y (10) siguen siendo válidas si se adaptan convenientemente los límites de las sumatorias..

Se ha visto que, dada $g[k]$ y los escalones de muestreo, la solución de (11), esto es $h[k]$, es en general, no única. Luego el problema es como seleccionar la $h[k]$ que mejor cumpla nuestro propósito. Debemos recordar que los coeficientes $C_{m,n}$ son las muestras de la Transformada de Fourier a tiempo corto, con función ventana $h[k]$. Esto significa que la función ventana debe ser localizada en el dominio conjunto tiempo - frecuencia, ya que de otra forma los coeficientes $C_{m,n}$ producto interno de $x[k]$ y $h[k]$ no caracterizará el comportamiento local de la señal.

Por otro lado, el comportamiento de $g[k]$ y $h[k]$ debe ser similar. En efecto, supongamos que $g[k]$ y su Transformada de Fourier están centradas en $k=0$ y $\theta = 0$. Si $g[k]$ y $h[k]$ son significativamente distintas, por ejemplo, si ellas tienen centros en tiempo y frecuencia muy diferentes, los coeficientes $C_{m,n}$ no reflejarán el comportamiento de la señal en una vecindad de $(mT,n\Omega)$.

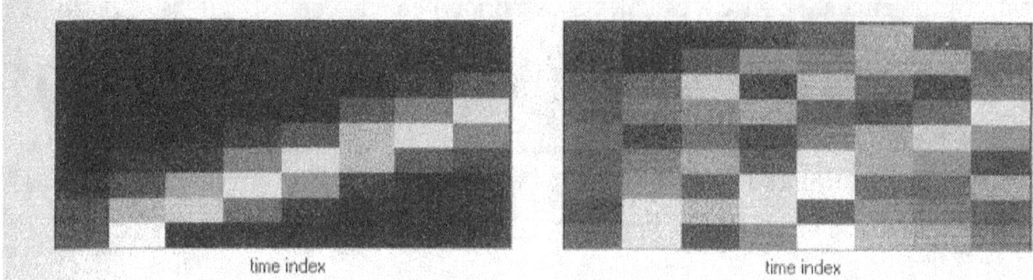

Figura 2.7.   1) coeficientes de Gabor del chirp lineal usando la función dual h$_{opt}$[k]
                  2) coeficientes de Gabor del chirp lineal usando otra función dual de g[k]

En la *Figura 2.7* se exhiben los coeficientes de Gabor del chirp lineal usando dos funciones duales de la misma función Gaussiana. Aunque ambas teoricamente permiten la perfecta reconstrucción de la señal con la misma $g[k]$, los coeficientes de Gabor correspondientes tienen diferencias sustanciales y en el segundo caso no describen de forma adecuada la particular naturaleza de la señal en estudio

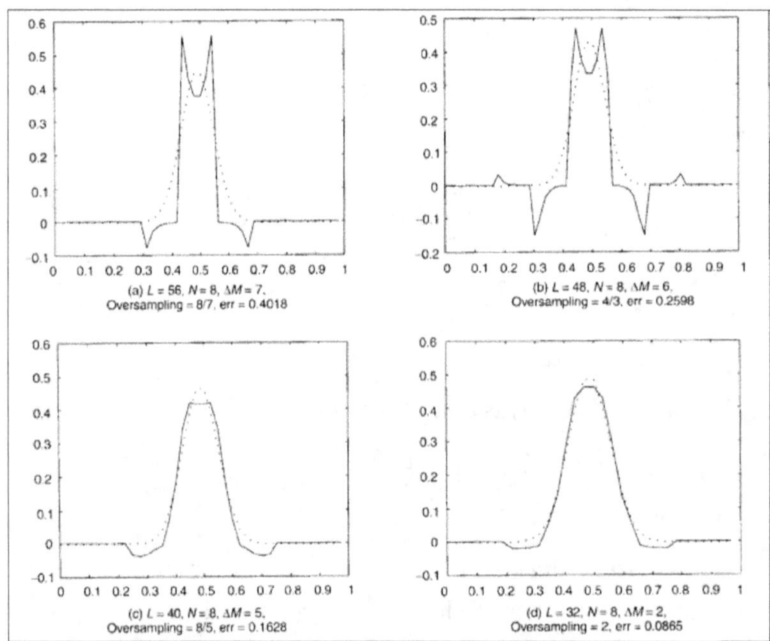

Figura 2.8.   Señal Gaussiana g[k] en línea punteada. Funciones duales h[k] en línea llena. A medida que aumenta el sobremuestreo h[k] se asemeja cada vez más a g[k].

Debido a que en este caso las funciones elementales de Gabor $g[k]$ es la función Gaussiana, lo natural parecería ser elegir $h[k]$ como aquella cuya forma sea lo más parecida posible a $g[k]$, en el sentido de error mínimo cuadrado.

$$E = \frac{\min}{G.\overline{h} = \mu} \sum_{k=0}^{L-1} \left| \frac{h[k]}{\|h\|} - g[k] \right|^2 \qquad con \quad \|h\| = \sqrt{\sum_{k=0}^{L-1} |h[k]|^2} \; ; \quad \|g[k]\|^2 = 1 \qquad (12)$$

Operando en (12) se obtiene

$$E = \frac{\min}{G.\overline{h} = \mu}\left(1 - \frac{1}{\|h\|}\cdot\frac{\Delta M}{N}\right)$$

luego, la $h[k]$ es la que corresponde a mínima energía. Si G es una matriz de máximo rango en filas, entonces la $h[k]$ de mínima energía es la que se obtiene usando la seudoinversa de G.

$$h_{opt} = G^T\,(GG^T)^{-1}\,\mu$$

Cuando E es pequeño, se puede tomar $h[k]=a.g[k]$ con a constante real, en cuyo caso el par de la expansión de Gabor se escribe:

$$C_{m,n} = a\sum_{k=0}^{\infty} x[k]\overline{g}[k - m\Delta M].W_N^{-n\,k}$$

$$x[k] = \sum\sum C_{m,n}g[k - m\Delta M].W_N^{n\,k}$$

con lo que se obtienen expresiones similares a los casos de base ortogonal. A pesar de que $\{g_{m,n}[k]\}$ puede ser linealmente dependiente, los coeficientes $C_{m,n}$ son las proyecciones ortogonales sobre los $g_{m,n}[k]$ y en consecuencia se llama a la expansión de Gabor simil ortogonal (orthogonal-like Gabor expansion).

En general, la diferencia entre $g[k]$ y $h_{opt.}[k]$ disminuye a medida que aumenta la tasa de sobremuestreo. Para caracterizar adecuadamente las propiedades locales de la señal en el dominio conjunto tiempo-frecuencia, es crítico hacer $g[k]$ y $h_{opt.}[k]$ lo más parecidas posible.

El error E depende de $g[k]$ y de los escalones de muestreo. Si se toma por ejemplo la función Gaussiana:

$$g[k] = \left(\frac{\alpha}{\pi}\right)^{1/4}\exp\left\{-\frac{\alpha}{2}k^2\right\}$$

la diferencia mínima entre $g[k]$ y $h_{opt.}[k]$ se observa cuando:

$$\alpha = \frac{2\pi}{\Delta M.\Delta N}$$

Es posible adaptar los cálculos para obtener $h[k]$ óptimamente próxima a una función arbitraria

$$E = \frac{\min}{G\overline{h} = \mu}\sum_{k=0}^{L-1}\left|\frac{h[k]}{\|h\|} - d[k]\right|^2$$

donde $d[k]$ es una función normalizada elegida. Esta generalización es muy útil en algunas aplicaciones donde se desea que las funciones de análisis y síntesis tengan propiedades diferentes como suele suceder en los bancos de filtros.

3

LA TRANSFORMADA ONDITA

La Transformada Ondita es una herramienta matemática que permite seccionar la señal en componentes de frecuencia diferentes y luego estudiar cada componente con una resolución de acuerdo a su escala. Así, brinda una representación de la señal dependiente de dos variables: escala (o frecuencia) y tiempo, proveyendo los medios para su estudio localizado en el dominio tiempo-frecuencia.

La Transformada Ondita aparece como una manera de mejorar las limitaciones en la resolución tiempo-frecuencia de la STFT al hacer variar las resoluciones Δ_t y Δ_f con lo que se obtiene un **análisis de multirresolución** (MRA).

En efecto, aunque los problemas de la resolución en tiempo y frecuencia son el resultado de un fenómeno físico (el principio de la Incerteza) que existe al margen de cual es la Transformada usada, es posible analizar la señal a diferentes bandas de frecuencia con diferentes resoluciones que es la esencia del MRA.

3.1. TRANSFORMADA ONDITA CONTINUA

La idea central es proyectar la señal $x(t)$ sobre una familia de funciones de valor medio nulo, construidas a partir de una función elemental $\psi(t)$ (la ondita madre o prototipo) por traslaciones y dilataciones.

$$
CWT(a,b,\psi\ )=\int_{-\infty}^{+\infty} x(\tau)\ \overline{\psi}_{a,b}(\tau)d\tau \qquad (1)
$$

con

$$
\psi_{a,b}(t)=|a|^{-1/2}\,\psi\!\left(\frac{t-b}{a}\right)
$$

El parámetro $"b"$ produce corrimientos en el tiempo mientras la variable $"a"$ corresponde a un factor de escala en el sentido que tomando $/a/>1$ dilata la ondita ψ y tomando $/a/<1$ la comprime.

Para $/a/\ll 1$ la ondita es una versión muy concentrada de la ondita madre con espectro fundamentalmente en el rango de las frecuencias elevadas. Por otro lado para $/a/\gg 1$ es mucho más extendida y se desarrolla en las bajas frecuencias.

Resumiendo, el parámetro de retardo b da la posición de la ondita, mientras el factor de escala está vinculado a sus contenidos de frecuencia.

Por definición, la Transformada Ondita es más una representación tiempo-escala que tiempo-frecuencia. Sin embargo para onditas bien localizadas alrededor de una frecuencia no nula f_o a la escala $a = 1$, es posible una interpretación tiempo-frecuencia a partir de la identificación.

$$f = \frac{f_o}{a}$$

La Transformada Ondita Continua (CWT) resulta de comparar, con uso del producto interno, la señal con versiones escaladas y corridas de la ondita madre. Para cada valor de *"a"* y *"b"* se obtiene un coeficiente $C_{a,b}$ que representa cuan próxima es la relación de la ondita con una sección de la señal (mientras mayor es C es mayor la similitud).

El término "ondita" tiene el significado de "onda pequeña" y se refiere a la condición de que se trata de una función de longitud finita (soporte compacto) y oscilante. La ondita madre o prototipo debe su denominación a que a partir de ella se generan las demás.

Es de destacar que los resultados dependen de la forma de ondita elegida.

Para interpretar todos estos coeficientes así obtenidos, se grafica en el plano Tiempo-Escala con el color en cada punto (x,y) representando la magnitud del coeficiente ondita C (*Figura 3.1*)

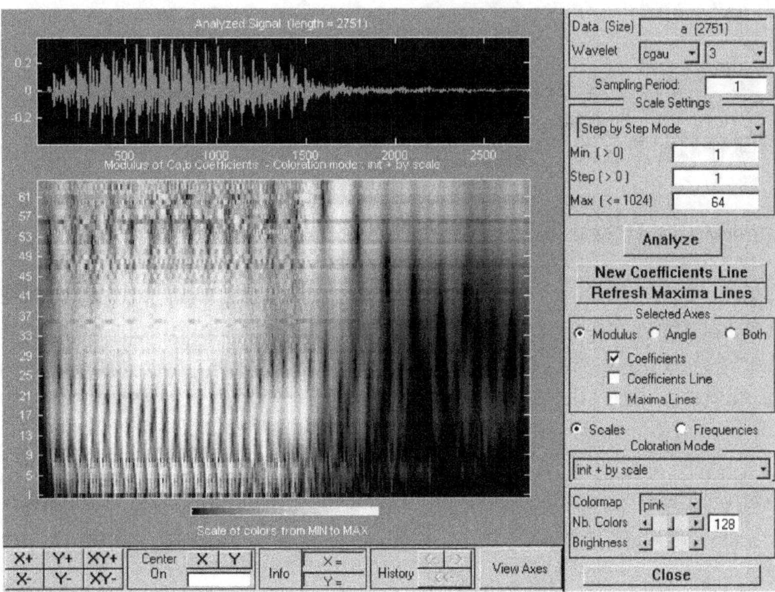

Figura 3.1:   Transformada Ondita Continua del fonema /a/

NOTAR que la escala indicada en el eje vertical va de 1 a 61. Las escalas más altas corresponden a onditas más "alargadas", lo que indica que mayor es la porción de la señal que está siendo comparada y por lo tanto la característica de la señal medida por los coeficientes C es menos concentrada y con menos detalles.

Hay una evidente correspondencia entre la escala ondita y la frecuencia:

Bajo valor de *"a"* $\Rightarrow$ ondita comprimida $\Rightarrow$ detalles que cambian rápido $\Rightarrow$ alta frecuencia
Alto valor de *"a"* $\Rightarrow$ ondita alargada $\Rightarrow$ cambios lentos $\Rightarrow$ baja frecuencia

Supongamos que $\psi(t)$ está centrada en tiempo cero y frecuencia ω_o. Luego su versión trasladada y escalada $\psi(a^{-1}(t-b))$ está centrada en el tiempo *"b"* y frecuencia ω_o/a. En consecuencia, el número $CWT(a,b)$ que no es sino el producto interno de $x(t)$ y $\psi(a^{-1}(t-b))$, refleja el comportamiento de la señal en una vecindad de $(b, \omega_o/a)$. De aquí que la $CWT(a,b)$ puede ser pensada como una función del tiempo y la frecuencia

La diferencia básica entre la Transformada Ondita y la STFT es que en la primera, cuando el factor de escala *"a"* cambia, tanto la duración como el ancho de banda de la ondita cambia, permaneciendo su forma sin variaciones (*Figura 3.2-b*). La CWT mide la similitud entre la señal y la ondita $\psi_{a,b}(t)$ para variaciones de b y a. En la Transformada Ondita las funciones de comparación se obtienen por dilatación y traslación de las onditas madre.

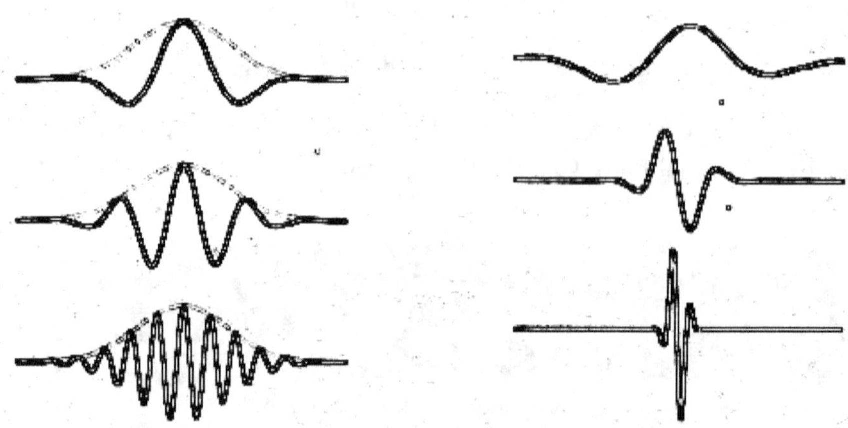

Figura 3.2.   a) Funciones elementales de Gabor. b) Funciones de base Onditas.

En la STFT partiendo de la ventana prototipo se la corre en el tiempo y se la modula en frecuencia. Luego todas las funciones elementales tienen la misma envolvente (*Figura 3.2-a*). Para la STFT, el objetivo es medir los contenidos de frecuencia locales de la señal. Una vez que se ha elegido la ventana tanto la resolución en el tiempo como en frecuencia de las funciones elementales $h(\tau-t)\exp(j\omega\tau)$ están fijas.

Usando la desviación estándar para caracterizar la resolución de la señal, llamando para la ondita madre Δ_t y Δ_ω las correspondientes a tiempo y frecuencia respectivamente, luego para $\psi(a^{-1}(t-b))$ resultan $a\Delta_t$ y Δ_ω/a (ejemplo 2 – pag. 7)

Se observa que mientras mejor es la resolución en el tiempo (menor a), empeora la resolución en frecuencia.

NOTAR que para las onditas base $\psi(a^{-1}(t-b))$ el producto de la resolución en el tiempo y la correspondiente en frecuencia es independiente del factor de escala a.

Si consideramos que ω_o es la frecuencia media de la ondita madre, luego la frecuencia de la ondita $\psi(a^{-1}(t-b))$ es ω_o/a. En consecuencia la razón del ancho de banda $2\Delta_\omega/a$ y la frecuencia media no cambia con la escala a

$$Q = \frac{2\Delta_\omega/a}{\omega_o/a} = \frac{2\Delta_\omega}{\omega_o} \quad \text{(Q constante)}$$

Hay que destacar muy especialmente que si lo único que se desea es analizar la señal y no se pretende recobrar la señal original a partir de la Transformación, hay una gran libertad para elegir la ondita madre. Cuando esta no es la situación y se requiere reconstrucción perfecta, la selección de $\psi(t)$ está mucho más restringida: debe satisfacer la **condición de admisibilidad** dada por:

$$C_\Psi = \frac{1}{2\pi} \int \frac{|\Psi(\omega)|^2}{|\omega|} \, d\omega < \infty$$

con $\Psi(\omega)$ Transformada de Fourier de $\psi(t)$

Esta condición implica que $\Psi(0)=0$ y la ondita madre es pasabanda. Además $\int \psi(t)dt = 0$ lo cual exige a $\psi(t)$ ser oscilante.

Cuando $\psi(t)$ cumple las condiciones de admisibilidad, luego la señal original $x(t)$ puede ser reconstruida a partir de:

$$x(t) = \frac{1}{C_\Psi} \iint \frac{1}{a^2} CWT(a,b)\psi*\left(\frac{t-b}{a}\right) da \, db \qquad (2)$$

llamada Transformada Ondita Inversa, donde $\psi*(t)$ es la función dual de $\psi(t)$.

De las propiedades básicas de la CWT se destacan:

1) $\displaystyle \int |x(t)|^2 dt = \frac{1}{C_\Psi} \iint a^{-2} |CWT(a,b)|^2 da \, db$

   que expresa que la energía pesada de la Transformada Ondita en el dominio conjunto tiempo-frecuencia es igual a la energía de la señal en el dominio del tiempo, expresión considerada la contraparte de la fórmula de Parseval de la Transformada de Fourier.

2. Debido a que las funciones elementales usadas en la STFT son funciones armónicas complejas, la STFT es normalmente compleja. En el caso de la CWT es usual tomar $\psi(t)$ real para $x(t)$ real con lo que resulta la CWT real, lo que le agrega un atractivo para las aplicaciones.

3.2. DISCRETIZADO DE LA TRANSFORMADA ONDITA

La representación de la CWT es redundante y no apta para el cálculo con ordenadores digitales. En principio, para una señal arbitraria es posible caracterizarla completamente por muestras convenientemente elegidas de la CWT con tal de que se cumpla el teorema del Muestreo. Una primera aproximación sería un muestreo uniforme en todo el plano tiempo-frecuencia. Sin embargo en el caso de la CWT se puede seguir otro camino usando el cambio de escala para reducir la tasa de muestreo.

Teniendo en cuenta que las escalas altas corresponden a bajas frecuencias, de acuerdo a la regla de Nyquist, la tasa de muestreo puede ser disminuida, de forma tal que si se necesita una tasa N_1 a la escala s_1 será suficiente una tasa N_2 a la escala s_2 siendo $N_2 < N_1$, si $s_1 < s_2$ (en correspondencia $f_1 > f_2$) con una relación:

$$N_2 \propto \frac{s_1}{s_2} N_1 \quad o \quad equivalentemente \quad N_2 \propto \frac{f_2}{f_1} N_1$$

Luego pueden lograrse ventajas comparativas importantes por un discretizado adecuado de los valores de "a" y "b" usando una grilla logarítmica.

Tradicionalmente se discretiza tomando muestras sobre una grilla diádica definida por:

$$b = 2^{-j}.k \; ; \quad a = 2^{-j} \quad con \quad j,k \in \mathbb{Z}$$

con lo cual $\psi_{j\,k}(t) = 2^{j/2} \; \psi(2^j t - k)$

El primer factor se agrega para normalizado.

NOTA: Es también usual tomar $a = 2^j$ con lo cual la ondita de índices j,k resulta: $\psi_{j,k} = 2^{-j/2} \psi(2^{-j} t - k)$. Como $j \in \mathbb{Z}$, la diferencia estriba en tomar valores positivos o negativos de j con el mismo tipo de interpretación. El programa MATLAB usa esta escala.

Así, la WT particiona el plano tiempo-frecuencia en celdas de igual área, pero con ancho y altura variable dependiendo de la frecuencia, resultando la resolución en el tiempo representada por el ancho de la celda y la resolución en frecuencia por su altura correspondiente (*Figura 3.3*).

A cada celda le corresponde un valor de la Transformada Ondita (un coeficiente ondita).

Notar que las celdas tienen área no nula lo cual implica que el valor en un punto en particular en el plano tiempo-frecuencia no se conoce, sino que todos los puntos del plano que caen dentro de una celda se representan por un solo valor de la WT.

Aunque el ancho y altura de las celdas cambian, el área es constante. Esto es cada celda representa una misma porción del plano tiempo-frecuencia, pero dando diferentes proporciones de tiempo y de frecuencia. A bajas frecuencias la altura de las celdas es menor, lo cual corresponde a mejor resolución en frecuencia, ya que hay menor ambigüedad en el valor de la frecuencia exacta, pero su ancho es mayor, que corresponde a peor resolución en el tiempo. Un proceso opuesto se observa para frecuencias altas.

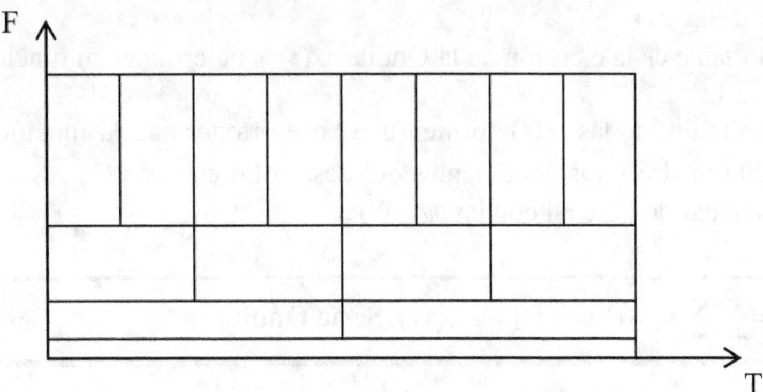

Figura 3.3: Partición del plano T-F por la Transformada Ondita.

Recordar que en el caso de la STFT las resoluciones en tiempo y frecuencia son fijas y están determinadas por el ancho de la ventana de análisis la cual se selecciona una vez para todo el proceso. De aquí que las celdas en que queda dividido el plano tiempo-frecuencia para la STFT son todas iguales.

Al margen de las dimensiones de las celdas, las áreas de todas ellas tanto para la WT y la STFT están determinadas por el Principio de Incerteza. Diferentes onditas prototipo o ventanas pueden dar lugar a distintas áreas, pero todas ellas están acotadas inferiormente por ½. Esto es, no es posible reducir arbitrariamente el área de las celdas aunque en el caso de la WT es posible cambiar sus medidas relativas.

La expresión de la Transformada Ondita resulta:

$$WT_x(j,k) = 2^{j/2} \int x(t)\overline{\psi}(2^j t - k)dt = \int x(t)\overline{\psi}_{j,k}(t)dt \qquad (3)$$

donde $\psi_{j,k}(t) = 2^{j/2}\psi(2^j t - k)$ correspondiendo a versiones trasladadas y dilatadas o comprimidas de la ondita madre sobre la grilla diádica.

Surgen entonces dos cuestiones básicas:

1) ¿Es posible reconstruir $x(t)$ de una manera numéricamente estable a partir de la WT_x?

2) ¿Puede cualquier función $x(t)$ ser escrita como una superposición de "bloques elementales" $\psi_{j,k}(t)$?

Se muestra que para una elección adecuada de $\psi(t)$ y de los escalones de muestreo a_o y b_o (la grilla diádica lo es) esto es posible al menos para funciones $x(t) \in L^2(\mathbb{R})$

Basada en esta versión muestreada de la CWT es posible reconstruir la señal original $x(t)$ por:

$$x(t) = \sum_{j=-\infty}^{\infty} \sum_{k=-\infty}^{\infty} WT_x(j,k) 2^{j/2} \psi^* \ (2^j t - k) \qquad\qquad (4)$$

con $\psi^*(t)$ funciones duales de $\psi(t)$.

Una cuestión importante es la elección de la Ondita $\psi(t)$ y determinar su función dual.

En el caso que la familia de las $\psi(t)$ formen una base ortonormal, la función dual coincide con la propia ondita madre y los coeficientes del desarrollo en serie (1) resultan ser los productos internos estándar de la señal con las $\psi_{j,k}(t)$.

$$x(t) = \sum\sum < x(t),\psi_{j,k}(t) > \psi_{j,k}(t) \ \ \textbf{Serie Ondita} \qquad\qquad (5)$$

Una expresión similar puede encontrarse trabajando con bases no ortonormales, con uso de la ondita dual $\psi^*_{jk}(t)$, el cual se denomina caso biortogonal, resultando:

$$x(t) = \sum\sum < x(t),\psi_{jk}(t) > \psi^*_{jk}(t) \qquad\qquad (6)$$

Lo hasta aquí expuestos corresponde a las señales a tiempo continuo. Es preciso extender los concepto para el trabajo con señales a tiempo discreto Debe tomarse en cuenta que esta versión discreta no puede obtenerse simplemente reemplazando t por n, lo cual es en parte debido a que en general no se dispone de una versión analítica de $\psi(t)$, y que además la cantidad $2^j n$ no resulta ser en general un entero para $j < 0$.

3.3. TRANSFORMADA ONDITA DISCRETA

A pesar de que el discretizado de la CWT permite su cómputo en ordenadores digitales, no es en verdad una transformada discreta. En realidad la serie Ondita es simplemente una versión muestreada en corrimiento y escala de la CWT y la información que provee es todavía altamente redundante en lo que a la reconstrucción de la señal se refiere.

Esta redundancia requiere una cantidad significativa de tiempo computacional y recursos .

Por otro lado, la Transformada Ondita (DWT) provee suficiente información tanto para el análisis como la síntesis de la señal con una reducción significativa del tiempo computacional. Además su desarrollo clarifica el concepto de multirresolución y brinda las herramientas necesarias para el diseño de nuevas onditas útiles.

La forma discreta de la Transformada Ondita está íntimamente relacionada con la Teoría de filtros.

Sea la señal discreta $x[n]$ la cual pasa a través de un filtro pasa-bajo de media banda con respuesta al impulso $h[n]$. Filtrar la señal equivale a la operación matemática de convolucionar la señal con la respuesta al impulso del filtro:

$$x[n] * h[n] = \sum_{k=-\infty}^{\infty} x[k]\,h[n-k]$$

El filtro pasa-bajo de media banda elimina todas las frecuencias que están por encima de la mitad de la frecuencia más alta.

Para señales discretas la frecuencia se expresa en términos de radianes, luego la frecuencia de muestreo es igual a 2π rad/seg si la componente de más alta frecuencia de la señal es de π rad/seg y el muestreo se realiza a la tasa de Nyquist (doble de la frecuencia máxima de la señal).

Después de pasar por el filtro pasa-bajo de media banda, la señal tiene frecuencia máxima igual a $\pi/2$, luego de acuerdo al Teorema del Muestreo, la mitad de las muestras pueden ser eliminadas, proceso que se puede llevar a cabo por sub-muestreo (decimación) factor 2, y la señal tendrá la mitad de puntos. La escala de la señal se ha duplicado.

Notar: el filtro pasa-bajo elimina la información de alta frecuencia, pero deja la escala sin cambio. Sólo el sub-muestreo cambia la escala.

La operación de sub-muestreo luego del filtrado lo que hace es sólo eliminar la mitad del número de muestras que de cualquier manera eran redundantes. Esto es, la mitad de las muestras pueden ser descartadas sin perder información.

Todo el proceso se expresa:

$$y[n] = \sum_{k=-\infty}^{\infty} h[k]\,x[2n-k]$$

Veamos como funciona la DWT.

La DWT analiza la señal a diferentes bandas de frecuencia con diferentes resoluciones por descomposición de la señal en aproximaciones y detalles. Para ello emplea dos funciones llamadas función de escala y función ondita las cuales están asociadas con filtros pasa-bajo y pasa-alto respectivamente.

La señal $x[n]$ pasa primero por el par de filtros pasa-bajo y pasa-alto ambos de media banda. Después del filtrado de acuerdo a la regla de Nyquist, la mitad de las muestras pueden ser eliminadas ya que la señal ahora tiene como frecuencia más alta $\pi/2$ radianes en vez de π luego de pasar por $h[k]$ y frecuencias comprendidas entre $\pi/2$ y π después de pasar por $g[k]$, por lo que se hace un sub-muestreo por 2.

Esto constituye el primer nivel de descomposición y puede expresarse matemáticamente como:

$$y_{hight}[k] = \sum_{n} x[n]\,g[2k-n]$$
$$y_{low}[k] = \sum_{n} x[n]\,h[2k-n] \tag{7}$$

con y_{hight}, y_{low} que corresponden respectivamente a las salidas de los filtros pasa-alto y pasa-bajo después del sub-muestreo por 2.

Este proceso empeora la resolución en el tiempo a la mitad ya que sólo la mitad de número de muestras caracterizan a toda la señal. Sin embargo mejora la resolución en frecuencia ya que la banda de frecuencias de la señal ahora expande sólo la mitad de la banda de frecuencia anterior, reduciendo efectivamente la incerteza en la mitad.

El procedimiento indicado que se denomina codificado sub-banda, puede ser repetido para descomposiciones posteriores. En todos los niveles, el filtrado y la decimación resultarán en tener la mitad del número de muestras y por lo tanto empeora la resolución en el tiempo, pero es la mitad de la banda de frecuencia la que se expande y por lo tanto mejora la resolución en frecuencia.

La *Figura 3.4* ilustra este procedimiento, donde $x[n]$ es la señal original a ser descompuesta y $h[n]$, $g[n]$ son respectivamente los filtros pasa-bajo y pasa-alto. Se indica el ancho de banda de la señal en cada nivel.

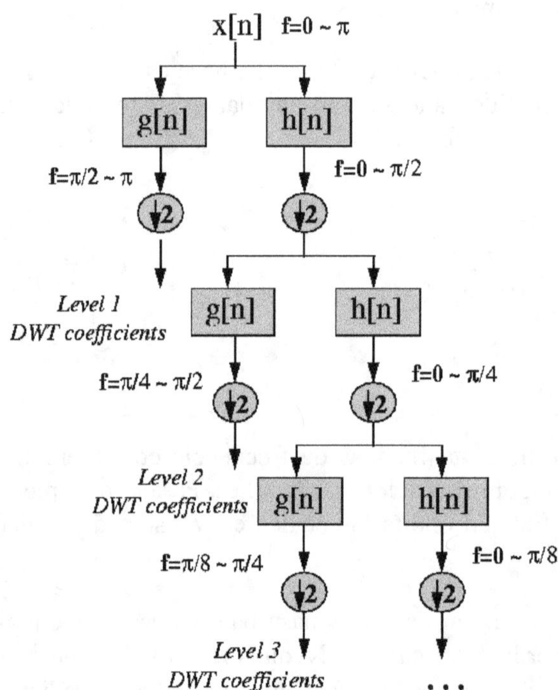

Figura 3.4:   Esquema que ilustra la descomposición (Robi- Polikar)

Supongamos que la señal en estudio tenga 512 muestras con frecuencias de 0 a π rad/seg. En el primer nivel de descomposición, la señal pasa por los filtros pasa-bajo y pasa-alto seguido por un submuestreo por 2. La salida del filtro pasa-alto tiene 256 puntos por lo que ha empeorado la resolución en el tiempo, pero sólo expande las frecuencias desde $\pi/2$ a π rad/seg luego ha mejorado la resolución en frecuencia. Estas 256 muestras constituyen el primer nivel de los coeficientes DWT. La salida del filtro pasa-bajo tiene también 256 muestras expandiendo la otra mitad de la banda de frecuencias de 0 a $\pi/2$ rad/seg. Esta señal es luego pasada a través de los mismos filtros pasa-bajo y pasa-alto para una nueva descomposición.

La salida del segundo filtro pasa-bajo seguido de sub-muestreo por 2 tiene 128 muestras expandiendo su banda de frecuencias de 0 a $\pi/4$ rad/seg y la salida del segundo filtro pasa-alto seguido de sub-muestreo tiene 128 muestra expandiendo una banda de frecuencias de $\pi/4$ a $\pi/2$ rad/seg y constituye el segundo nivel de los coeficientes DWT. Esta última señal tiene la mitad de la resolución en el tiempo pero dobla la resolución en frecuencia respecto al primer nivel de la señal. Resumiendo, la resolución en el tiempo ha empeorado por un factor 4 y la resolución en frecuencia ha mejorado por el factor 4 comparado con la señal original. El proceso puede continuar hasta que queden sólo dos muestras. Para este ejemplo se tendrían que considerar 8 niveles de descomposición.

La DWT de la señal a analizar se obtiene concatenando todos los coeficientes comenzando por el último nivel de descomposición.

Las frecuencias que son más importantes en la señal original aparecerán con amplitudes mayores en la región de la DWT que incluye esas frecuencias particulares. La diferencia con la Transformada de Fourier es que la localización temporal de estas frecuencias no se pierde. Sin embargo, la localización en el tiempo tendrá una resolución que depende de en que nivel aparecen. Si la información de la señal está en las altas frecuencias, la localización en el tiempo de estas frecuencias será más precisa ya que están caracterizadas por un número mayor de muestras.

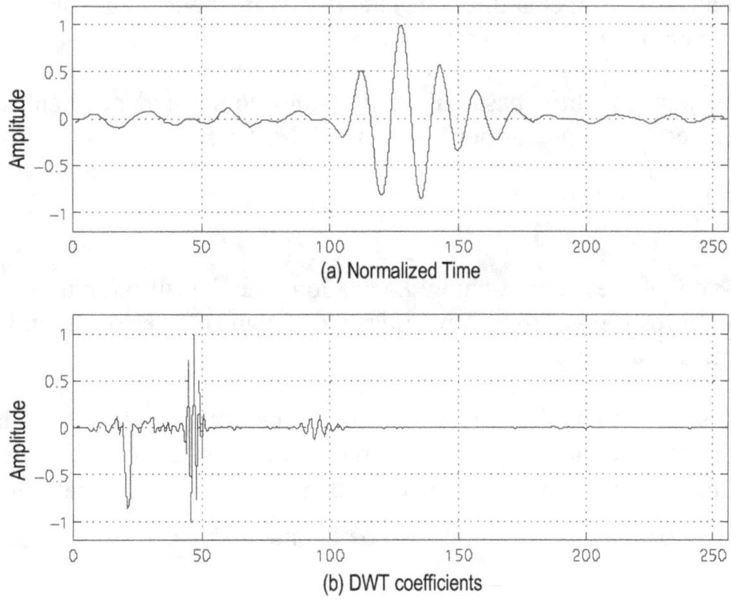

Figura 3.5:   a) Señal en estudio – 256 muestras b) Coeficientes DWT (Robi-Polikar)

Si la información más importante está en las frecuencias muy bajas, la localización en el tiempo no será muy precisa ya que se usan pocas muestras para expresar todas estas frecuencias. Este procedimiento ofrece en efecto una buena resolución en el tiempo para altas frecuencias y una buena resolución en frecuencia para bajas frecuencias.

Los coeficientes de la DWT en las bandas de frecuencia que no son muy importantes en la señal en estudio tendrán amplitudes muy pequeñas y esa parte de la DWT puede ser descartada sin mayor pérdida de información, permitiendo trabajar con menos datos.

En la *Figura 3.5* se ilustra un ejemplo de una señal tipo de 256 muestras con amplitud normalizada (*3.5 a*).

En *3.5 b* se exhibe la DWT, donde las últimas muestras de las 256 corresponden a la banda de frecuencias más altas, las muestras centrales a las frecuencias medias y las primeras muestras a las frecuencias más bajas.

Se observa que sólo las primeras 64 muestras que corresponden a bajas frecuencias presentan información relevante y el resto aporta muy poco al análisis. Luego si las descartamos no se perderá mayormente información logrando una reducción importante en la cantidad de datos y por lo tanto un buen nivel de compresión.

Una de las áreas que más se han beneficiado de esta propiedad particular de la Transformada Ondita es el procesado de imágenes. Como es sabido, las imágenes, sobre todo las de alta resolución, demandan mucho espacio en el disco.

Para una imagen dada se computa la DWT y se descartan aquellos coeficientes que caen por debajo de un cierto umbral con lo que la cantidad de datos a retener disminuye muy significativamente. Cuando se quiere reconstruir la imagen original simplemente se rellena con ceros en igual número que los coeficientes descartados y se aplica la Transformada Ondita inversa. Es posible también analizar la imagen a diferentes bandas de frecuencia y reconstruir la señal usando sólo los coeficientes de una banda particular.

Es importante destacar que los filtros pasa-bajo y pasa-alto no son independientes sino que sus respuesta al impulso están vinculados por la relación (APÉNDICE 2):

$$g[L-1-n] = (-1)^n h[n]$$

donde $g[n]$ es el pasa-alto, $h[n]$ es el pasa-bajo y L es la longitud del filtro (en número de puntos). Notar que los dos filtros son versiones revertidas y con signos opuestos según los valores de n (cambian los numerados impar).

Los pares de filtros con esta característica se conocen como **filtros espejo en cuadratura (QMF).** Las dos operaciones de filtrado y sub-muestreo se expresan de acuerdo a las fórmulas (7), donde $y_{high}[k]$ corresponde a los coeficientes ondita "*b*" del primer nivel a los que llamamos "**detalles**", mientras que $y_{low}[k]$ son los coeficiente "*a*" y constituyen las "**aproximaciones**".

A partir de los coeficientes ondita es posible reconstruir la señal a través de la Transformada Ondita Inversa (IWT).

Desde el punto de vista de los filtros el proceso puede esquematizarse:

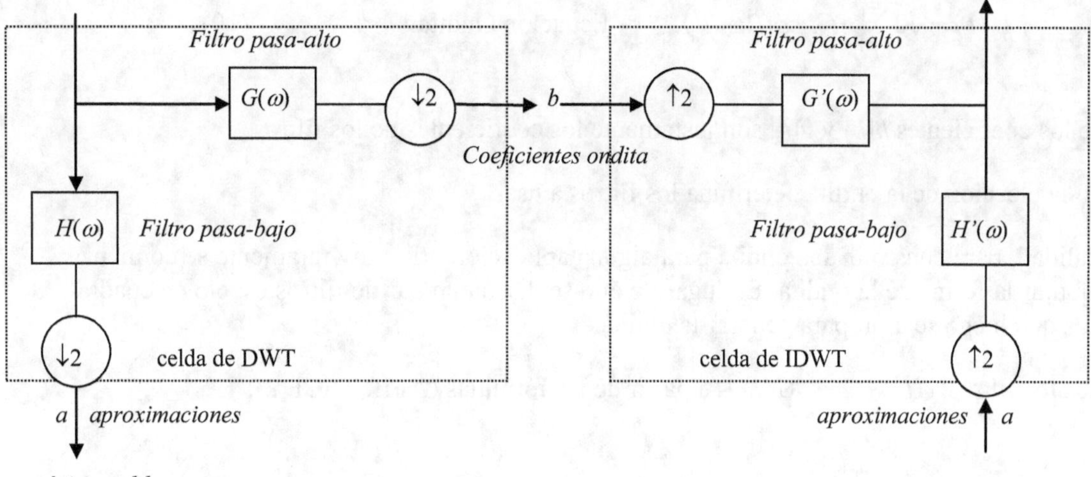

Figura 3.6:   Banco de filtro de análisis - banco de filtro de síntesis

La reconstrucción es en este caso muy simple ya que los filtros media banda forman bases ortonormales. El procedimiento anterior es seguido en orden inverso para la reconstrucción. Las señales en cada nivel son sobre-muestreadas por 2 y pasadas a través de los filtros de síntesis $g'[k]$, $h'[k]$ pasa-alto y pasa-bajo respectivamente y luego sumadas.

Lo interesante es que los filtros de análisis son idénticos excepto por la inversión en el tiempo. Luego las fórmulas de reconstrucción resultan:

$$x[n] = \sum_{j=1}^{J} \sum_{k \in \mathbb{Z}} \left(b_{jk} \cdot g\left[n - 2^j k \right] \right) + \sum_{k \in \mathbb{Z}} \left(a_{Jk} \cdot h\left[n - 2^J k \right] \right) \tag{8}$$

El segundo término del segundo miembro aparece debido a que sólo se pueden considerar un número finito J de niveles de descomposición.

Si los filtros no son ideales media-banda todavía es posible la perfecta reconstrucción de la señal con una cuidadosa elección de los filtros. Dentro de los más populares están los desarrollados por Ingrid Daubechies que generan la ondita que lleva su nombre.

Una pregunta que surge inmediatamente es cual es la vinculación de las Onditas con los filtros. Desarrollar este tema nos llevaría a profundizar en la Teoría de Onditas más allá de lo que se pretende en este resumen y que está esbozado en el APÉNDICE 2.

Digamos simplemente que partiendo del problema matemático de construir una base $B = (\psi_{jk}, j \in Z; k \in Z)$ para el espacio de señales admisibles a partir de una ondita prototipo $\psi(t)$ por dilataciones y corrimientos, genera la aparición de una nueva función $\phi(t)$ llamada **función de escala**, y da origen a dos ecuaciones:

$$\phi(t) = \sqrt{2} \sum_{k} h(k) \cdot \phi(2t - k) \qquad \text{Ecuación de Dilatación} \tag{9}$$

$$\psi(t) = \sqrt{2}\sum_{k} g(k).\phi(2t-k) \qquad \text{Ecuación Ondita} \qquad (10)$$

donde los coeficientes $h[k]$ y $g[k]$ son justamente los coeficientes de los filtros.

Luego la elección de la ondita determina los filtros a usar.

En realidad, para construir una ondita para alguna aplicación útil, muy raramente se comienza por dibujar la forma de la ondita. En lugar de ello se diseña un par de filtros espejo en cuadratura los que luego se usan para generar la ondita.

Fijados los filtros $H(\omega)$ y $G(\omega)$, a partir de las fórmulas (APÉNDICE 2):

$$\Phi(\omega) = \prod_{k=1}^{\infty} H\left(\frac{\omega}{2^k}\right)$$

$$(11)$$

$$\Psi(\omega) = G\left(\frac{\omega}{2}\right)\prod_{k=2}^{\infty} H\left(\frac{\omega}{2^k}\right)$$

es posible construir tanto la función escala como la ondita madre.

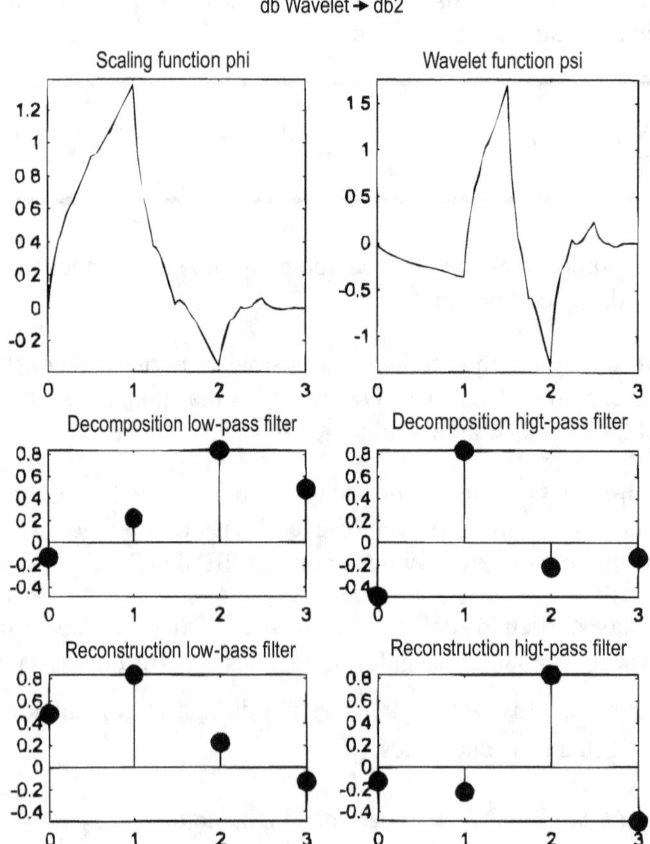

Figura 3.7:   Ondita db2, función escala y filtros asociados

La *Figura 3.7* muestra la Ondita db2, su función escala y los filtros asociados. Salvo normalización por un factor $\sqrt{2}$ los coeficientes del filtro pasa-bajo de reconstrucción son:

$$0.3415 \qquad 0.5915 \qquad 0.1585 \qquad -0.0915$$

Invirtiendo el orden y multiplicando por $(-1)^{n-1}$ se obtienen los coeficientes del filtro pasa-alto de reconstrucción:

$$-0.0915 \qquad -0.1585 \qquad 0.5915 \qquad -0.3415$$

Sobremuestreando por 2 agregando ceros entre los coeficientes se obtiene

$$-0.0915 \quad 0 \quad -0.1585 \quad 0 \quad 0.5915 \quad 0 \quad -0.3415 \quad 0$$

Se convoluciona este vector con el filtro pasa-bajo original con lo que se obtiene un nuevo vector sobre el que se repite los pasos de sobremuestreo y convolución con el mismo filtro pasa-bajo. Después de varias iteraciones el algoritmo converge a la Ondita db2.

En la *Figura 3.8* se muestra la evolución del proceso para las tres primeras iteraciones.

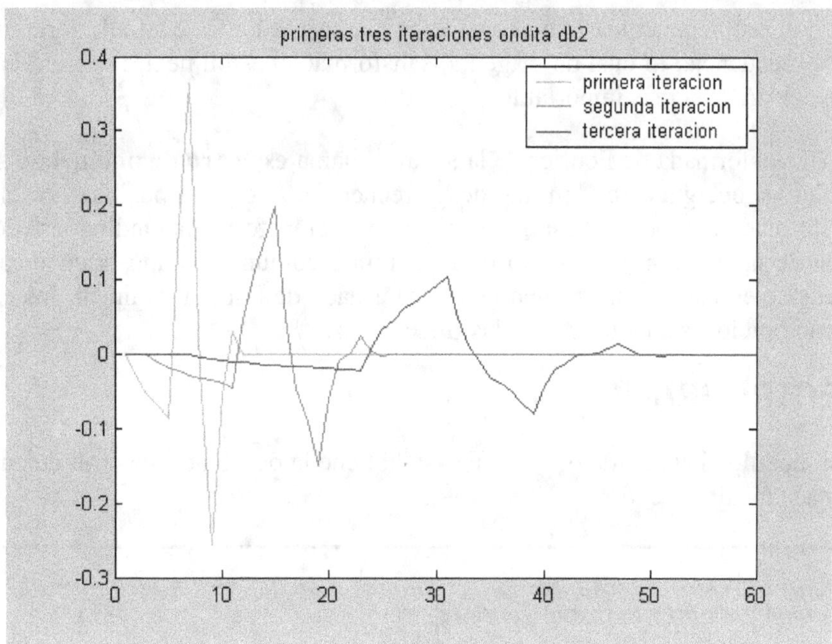

Figura 3.8: Construcción de la Ondita db2 a partir de sus filtros

Esta relación ondita-filtro tiene profundas implicancias. Significa que no es posible elegir sencillamente una forma arbitraria para la ondita por lo menos en el caso en que se desee reconstrucción perfecta, sino que dicha forma está determinada por los filtros espejo en cuadratura de descomposición. Observar que los coeficientes del filtro pasa-bajo de reconstrucción son iguales a los del filtro pasa-alto de descomposición con una inversión alternada de los signos. Luego podemos decir que la ondita ψ está determinada por el filtro pasa-alto de descomposición que produce asimismo los detalles en la WT.

De manera similar, la función escala ϕ está asociada al filtro pasa-bajo del QMF y en consecuencia está vinculada a las aproximaciones en la WT.

4

SOLUCIONES CUADRÁTICAS (1)

4.0. LA DISTRIBUCIÓN WIGNER-VILLE

Hasta aquí se han presentado representaciones tiempo – frecuencia en que se descompone la señal en componentes elementales, los "átomos", bien localizados en tiempo y frecuencia. Estas representaciones son transformaciones lineales de la misma

Otra aproximación al problema consiste en considerar la **energía** de la señal a lo largo de las variables tiempo – frecuencia, lo cual da origen a transformaciones bilineales, siendo la **Distribución de Wigner-Ville** la más importante

El cuadrado de la Transformada de Fourier de la señal se llama **espectro de potencia** y suministra la distribución de energía en el dominio de la frecuencia. Luego, es posible usar el cuadrado de la Transformada de Fourier a tiempo corto o de la Transformada Ondita para describir la distribución de la Energía de la señal en el dominio conjunto tiempo-frecuencia. Sin embargo, debe tenerse en cuenta que si bien la Transformada de Fourier es lineal, los espectros de potencia son funciones cuadráticas de las frecuencias.

4.1. EL ESPECTROGRAMA

Si se considera el módulo al cuadrado de la STFT, se obtiene la densidad espectral de energía de la señal ventanada localmente

$$S_x(t,\omega) = \left| \int_{-\infty}^{\infty} x(\tau)\overline{h}(\tau-t)\exp(-j\omega\,\tau)d\tau \right|^2 \tag{1}$$

Esta expresión define el **espectrograma**, el cual da una distribución de la energía de la señal en el dominio conjunto tiempo – frecuencia. Cuando la ventana h se asume de energía unitaria, el espectrograma satisface la propiedad de la distribución de energía global:

$$\int_{-\infty}^{\infty}\int_{-\infty}^{\infty} S_x(t,\omega)dt\,d\omega = E_x$$

Mientras la STFT es en general compleja, el espectrograma es siempre real valuado y no negativo y se puede interpretar como una medida de la energía de la señal en los puntos (t,ω) del dominio tiempo - frecuencia

Dentro de sus propiedades básicas figuran su covariancia frente a corrimientos en tiempo y frecuencia:

$$y(t) = x(t - t_o) \quad \rightarrow \quad S_y(t, \omega) = S_x(t - t_o, \omega)$$

$$y(t) = x(t)\exp(j\omega_o t) \quad \rightarrow \quad S_y(t, \omega) = S_x(t, \omega - \omega_o)$$

EJEMPLOS:

1) Sea la señal Gaussiana

$$x(t) = \left(\frac{\beta}{\pi}\right)^{1/4} \exp\left(-\frac{\beta}{2}t^2\right)$$

y la ventana elegida

$$h(t) = \left(\frac{\alpha}{\pi}\right)^{1/4} \exp\left(-\frac{\alpha}{2}t^2\right) \quad \text{(señal de análisis)}$$

La STFT es

$$STFT(t, \omega) = \left(\frac{2\sqrt{\alpha\beta}}{\alpha + \beta}\right)^{1/2} \exp\left(-\frac{\alpha\beta}{2(\alpha + \beta)}t^2 - \frac{1}{2(\alpha + \beta)}\omega^2 + j\frac{\alpha}{\alpha + \beta}\omega t\right)$$

El espectrograma correspondiente es

$$S_x(t, \omega) = |STFT(t, \omega)|^2 = \frac{2\sqrt{\alpha\beta}}{\alpha + \beta}\exp\left(-\frac{\alpha\beta}{\alpha + \beta}t^2 - \frac{1}{\alpha + \beta}\omega^2\right)$$

lo que muestra que el espectrograma está centrado en *(0,0)*, en correspondencia con la posición de la señal *x(t)*. Los conjuntos de nivel de la S_x son elipses.

En la *Figura 4.1* se muestra el contorno para e^{-1} que corresponde a una elipse de área.

$$A = \frac{\alpha + \beta}{\sqrt{\alpha\beta}}\pi = \frac{1+r}{\sqrt{r}}\pi \quad \text{con } r = \frac{\alpha}{\beta}$$

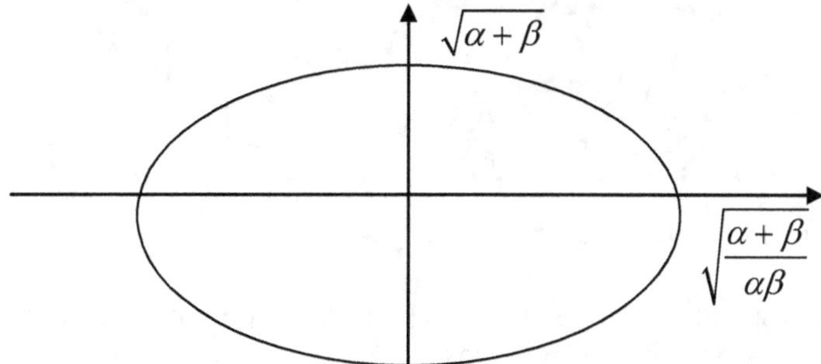

Figura 4.1:   Conjunto de nivel del espectrograma de la función Gaussiana con ventana Gaussiana

El área A refleja la concentración de la STFT. Mientras menor es A, mejor es la resolución, la cual depende de la función de análisis.

En este caso el mínimo corresponde a $r = 1$, esto es cuando la variancia de la señal de análisis α es igual a la correspondiente de la señal en estudio. Sin embargo, como normalmente β es desconocido, es difícil en general obtener resolución óptima.

2) En la *Figura 4.2* se exhibe el chirp lineal y su espectrograma donde se visualiza la evolución de la frecuencia en el tiempo

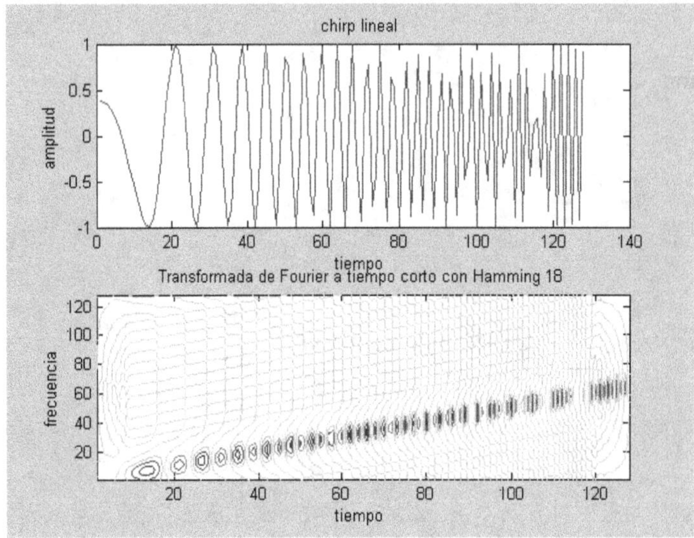

Figura 4.2: ESPECTROGRAMA chirp lineal

3) Sea el fonema /a/ pronunciado por un hablante masculino, digitalizado a 8kHz, 8 bits.

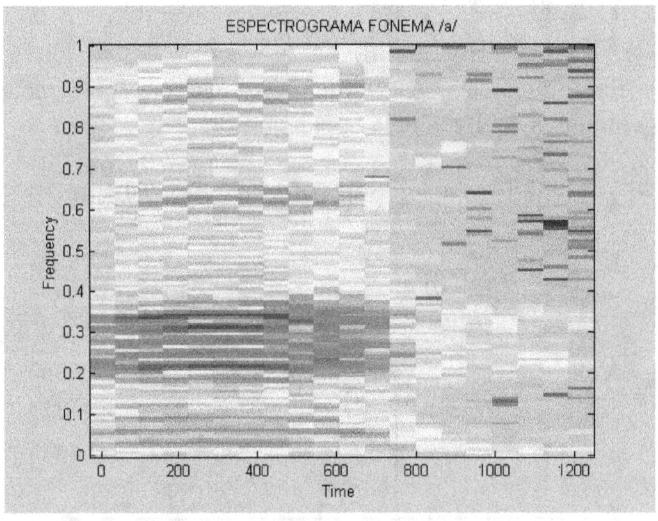

Figura 4.3:   ESPECTROGRAMA fonema /a/

En el espectrograma correspondiente (*Figura 4.3*) se observa con claridad las frecuencias de los formantes con sus anchos de banda respectivos.

Siendo el espectrograma la magnitud al cuadrado de la STFT, es obvio que tendrán resolución tiempo – frecuencia similares lo que trae aparejado sus mismas limitaciones. A pesar de ello, por ser el que nos da el espectro dependiente del tiempo más simple, es de uso generalizado cuando se quiere tener una visión rápida aunque no necesariamente muy precisa de la energía de la señal en el dominio conjunto tiempo-frecuencia.

Como toda representación cuadrática, el espectrograma de la suma de dos señales no es la suma de sus correspondientes espectrogramas.

$$y(t) = x_1(t) + x_2(t) \quad \rightarrow \quad S_y(t,\omega) = S_{x_1}(t,\omega) + S_{x_2}(t,\omega) + 2\Re(S_{x_1,x_2}(t,\omega))$$

con $\Re(S_{x_1,x_2}(t,\omega)) = \Re(STFT_{x_1}(t,\omega).STFT_{x_2}(t,\omega))$ parte real del espectrograma cruzado, constituyendo los llamados "términos interferentes".

Se puede mostrar que éstos están restringidos a aquellas regiones del plano tiempo – frecuencia donde los autoespectrogramas $S_{x_1}(t,\omega)$; $S_{x_2}(t,\omega)$ se solapan. Luego si las componentes x_1 ; x_2 de la señal están suficientemente distantes como para que no haya solapamiento significativo entre sus autoespectrogramas, sus términos interferentes podrán ser despreciados.

4.1.1. El Escalograma

Una distribución similar al espectrograma puede ser definido en el caso de la Transformada Ondita. El cuadrado de la CWT es comúnmente llamado el **escalograma**

$$SCAL(a,b) = \left| CWT(a,b) \right|^2 \tag{2}$$

Como la CWT se comporta como una descomposición sobre una base ortonormal, se muestra que preserva la energía:

$$\frac{1}{C_\psi} \int_{-\infty}^{\infty} \int_{-\infty}^{\infty} \frac{1}{a^2} \left| CWT(a,b) \right|^2 db \ da = E_x$$

donde E_x es la energía de la señal $x(t)$.

Como en la Transformada Ondita, las resoluciones en tiempo y frecuencia que están obviamente relacionadas por el principio de incerteza, resultan dependientes de la frecuencia considerada.

Los términos interferentes tal como sucede con el espectrograma, están restringidos a aquellas regiones del plano tiempo-frecuencia donde los correspondientes auto-escalogramas se superponen. Luego, si dos componentes de la señal están suficientemente alejadas, su escalograma cruzado es cero.

4.2. ESPECTRO DE POTENCIA DEPENDIENTE DEL TIEMPO

Tomando como punto de partida la observación de que la Energía de la señal puede ser expresada en base al módulo al cuadrado de su desarrollo en el tiempo o en frecuencia:

$$E_x = \int_{-\infty}^{\infty} \left| x(t) \right|^2 dt = \frac{1}{2\pi} \int_{-\infty}^{\infty} \left| X(\omega) \right|^2 d\omega$$

es posible interpretar tanto a $|x(t)|^2$ como a $\dfrac{1}{2\pi}|X(\omega)|^2$ como **densidades de Energía**.

Aparece entonces la idea de buscar una densidad de Energía $\rho_x(t,\omega)$ que dependa simultáneamente del tiempo y la frecuencia:

$$E_x = \int_{-\infty}^{\infty}\int_{-\infty}^{\infty} \rho_x(t,\omega)dtd\omega$$

Como la Energía es una función cuadrática de la señal, también lo será la distribución tiempo-frecuencia. Es natural requerir que satisfaga las llamadas propiedades marginales:

$$\int_{-\infty}^{\infty} \rho_x(t,\omega)dt = |X(\omega)|^2$$

$$\int_{-\infty}^{\infty} \rho_x(t,\omega)d\omega = |x(t)|^2$$

(3)

Hay muchas distribuciones $\rho_x(t,\omega)$ con estas propiedades, de tal manera que es posible exigir condiciones adicionales como las de covarianza en tiempo y frecuencia las cuales revisten importancia fundamental.

Las distribuciones de Energía tiempo-frecuencia que cumplen todas estas condiciones se engloban en un conjunto denominado **Clase de Cohen.**

En particular el espectrograma puede ser tomado como un miembro de esta clase ya que es cuadrático, covariante en tiempo y frecuencia, preservando la Energía aunque no cumple con las propiedades marginales.

Tanto el espectrograma como el escalograma tienen el inconveniente de depender de las funciones de análisis seleccionadas lo cual representa un innegable inconveniente.

Por lo tanto se encarará la búsqueda de otros miembros de la Clase de Cohen que se vean libres de este problema.

De acuerdo al Teorema de Wiener –Khintchine, el espectro de potencia puede también ser considerado como la Transformada de Fourier de la función de autocorrelación $R(\tau)$.

$$P_X(\omega) = |X(\omega)|^2 = \int R(\tau)\exp(-j\omega\tau)d\tau \qquad (4)$$

con

$$R(\tau) = \int x(t)\overline{x}(t-\tau)dt$$

la cual es en realidad un promedio temporal de la correlación instantánea $x(t).\overline{x}(t-\tau)$.

No es una función del tiempo, sino que indica cuanta energía está presente en la frecuencia ω sobre todo el intervalo de tiempo. Basándonos en la ecuación (4) no hay forma de decir si el espectro de potencia evoluciona, luego es inadecuado para describir señales cuyos contenidos de frecuencia temporales varían, como sucede con la mayoría de las señales biomédicas, de voz y las vibraciones en general.

Un modo de resolver el problema es hacer la autocorrelación dependiente del tiempo.

Se busca una $R(t, \tau)$ adecuada de tal forma que su Transformada de Fourier respecto a la variable τ resulte ser una función del tipo:

$$P(t,\omega) = \int R(t,\tau)\exp(-j\omega\tau)d\tau$$

el cual se llamará **espectro de potencia dependiente del tiempo.** Lo que queda por resolver es como determinar la función de autocorrelación $R(t, \tau)$.

La elección de $R(t, \tau)$ no es arbitraria ya que entre otras exigencias se pretende que $P(t,\omega)$ cumpla las propiedades marginales (3). Además, si $P(t,\omega)$ representa la distribución de energía de la señal en el dominio tiempo-frecuencia, es de esperar que sea real valuada con el agregado que teniendo en cuenta el concepto clásico de energía, sería deseable que $P(t,\omega)$ sea no negativa.

Sin embargo, lo más importante es que se necesita asegurar que $P(t,\omega)$ efectivamente identifique los cambios en los contenidos de frecuencia de la señal. Esta es la motivación principal del análisis tiempo-frecuencia pero al mismo tiempo, lo más difícil de justificar.

4.3. LA DISTRIBUCIÓN DE WIGNER – VILLE

Tomando como función de autocorrelación:

$$R(t,\tau) = x\left(t+\frac{\tau}{2}\right)\overline{x}\left(t-\frac{\tau}{2}\right) \qquad (5)$$

se define la **Distribución de Wigner-Ville**

$$WVD(t,\omega) = \int x\left(t+\frac{\tau}{2}\right)\overline{x}\left(t-\frac{\tau}{2}\right)\exp(-j\omega\tau)d\tau \qquad (6)$$

esto es, como la Transformada de Fourier de la función de autocorrelación (5) respecto a la variable τ. Esta expresión corresponde a la autoWVD.

De forma similar, la WVD cruzada se define por

$$WVD_{xy}(t,\omega) = \int x\left(t+\frac{\tau}{2}\right)\overline{y}\left(t-\frac{\tau}{2}\right)\exp(-j\omega\tau)d\tau \qquad (7)$$

con $x(t)$ y $y(t)$ dos señales diferentes.

Es fácil verificar que:

$$WVD_{xy}(t,\omega) = \overline{WVD}_{yx}(t,\omega)$$

Luego

$$WVD_x(t,\omega) = \overline{WVD}_x(t,\omega)$$

lo cual implica que la auto-WVD es real valuada.

La WVD puede también ser computada operando en el dominio de la frecuencia:

Sea

$$s_1(\tau) = s\left(t + \frac{\tau}{2}\right) \quad ; \quad g_1(\tau) = \overline{g}\left(t - \frac{\tau}{2}\right)$$

Luego:

$$s_1(\tau) \leftrightarrow S_1(\omega) = 2S(2\omega)\exp(j2\omega t) \quad ; \quad g_1(\tau) \leftrightarrow G_1(\omega) = 2\overline{G}(2\omega)\exp(-j2\omega t)$$

Del teorema de la Convolución:

$$WVD_{s,g}(t,\omega) = \int s\left(t + \frac{\tau}{2}\right)\overline{g}\left(t - \frac{\tau}{2}\right)\exp(-j\omega\tau)d\tau$$

$$= \int s_1(\tau)g_1(\tau)\exp(-j\omega\tau)d\tau = S_1(\omega)*G_1(\omega)$$

$$= \frac{4}{2\pi}\int S(2\alpha)\overline{G}(2\omega - 2\alpha)\exp(4\alpha - 2\omega)t\, d\alpha$$

Haciendo

$$2\alpha = \omega + \Omega/2 \rightarrow WVD_{s,g}(t,\omega) = \frac{1}{2\pi}\int S\left(\omega + \frac{\Omega}{2}\right)\overline{G}\left(\omega - \frac{\Omega}{2}\right)\exp(j\Omega t)d\Omega$$

$$WVD_s(t,\omega) = \frac{1}{2\pi}\int S\left(\omega + \frac{\Omega}{2}\right)\overline{S}\left(\omega - \frac{\Omega}{2}\right)\exp(j\Omega t)d\Omega$$

Estas fórmulas indican que la WVD es simétrica en los dominios del tiempo y la frecuencia. Por lo tanto, propiedades derivadas en el dominio del tiempo tienen su propiedad dual en el dominio de la frecuencia

4.3.1. Propiedades

La WVD satisface un gran número de propiedades importantes tales como:

- es siempre real valuada

- preserva los corrimientos en tiempo y en frecuencia

$$y(t) = x(t - t_o) \rightarrow WVD_y(t,\omega) = WVD_x(t - t_o,\omega)$$
$$y(t) = x(t)\ \exp(j\omega_o t) \rightarrow WVD(t,\omega) = WVD_x(t,\omega - \omega_o)$$

- satisface las propiedades marginales

$$\int_{-\infty}^{+\infty} WVD_x(t,\omega)dt = |X(\omega)|^2$$

$$\frac{1}{2\pi}\int_{-\infty}^{+\infty} WVD_x(t,\omega)d\omega = |x(t)|^2$$

- conservación de la Energía

$$E_x = \frac{1}{2\pi}\int_{-\infty}^{+\infty}\int_{-\infty}^{+\infty} WVD_x(t,\omega)dt\ d\omega$$

- compatibilidad con filtrado

$$y(t) = \int_{-\infty}^{+\infty} h(t-s)x(s)ds \to WVD_y(t,\omega) = \int_{-\infty}^{+\infty} WVD_h(t-s,\omega)WVD_x(s,\omega)ds$$

(convolución en el tiempo)

- compatibilidad con modulación

$$y(t) = m(t)x(t) \to WVD_y(t,\omega) = \int_{-\infty}^{+\infty} WVD_m(t,\omega-v)WVD_x(t,v)dv$$

(convolución en frecuencia)

- conservación de soporte en el sentido amplio

$$x(t) = 0 \ \ si \ \ |t| > T \Rightarrow WVD_x(t,\omega) = 0 \ \ para \ \ |t| > T$$

$$X(\omega) = 0 \ \ si \ \ |\omega| > B \Rightarrow WVD_x(t,\omega) = 0 \ \ para \ \ |\omega| > B$$

- unitario (expresa la conservación del producto escalar)

$$\left|\int_{-\infty}^{+\infty} x(t)\ \overline{y}(t)dt\right|^2 = \int_{-\infty}^{+\infty}\int_{-\infty}^{+\infty} WVD_x(t,\omega)W\overline{V}D_y(t,\omega)dtd\omega \qquad \text{Fórmula de Moyal}$$

EJEMPLOS

---

1) Sea la señal $x(t) = \left(\dfrac{\alpha}{\pi}\right)^{1/4} \exp\left(-\dfrac{\alpha}{2}t^2\right)$ función Gaussiana con energía unitaria

Su WVD es:

$$WVD_x(t,\omega) = \sqrt{\frac{\alpha}{\pi}}\int \exp\left\{-\frac{\alpha}{2}\left[\left(t+\frac{\tau}{2}\right)^2 + \left(t-\frac{\tau}{2}\right)^2\right]\right\}\exp(-j\omega\tau)d\tau$$

$$= \exp(-\alpha t^2)\sqrt{\frac{\alpha}{\pi}}\int\left(-\frac{\alpha}{4}\tau^2\right)\exp(-j\omega\tau)d\tau = 2\exp\left\{-\left(\alpha t^2 + \frac{1}{\alpha}\omega^2\right)\right\}$$

Esto indica que la WVD de la función Gaussiana está concentrada en el origen del plano tiempo-frecuencia. El parámetro α controla la dispersión de la WVD. Un valor grande de α conduce a mayor concentración en el tiempo pero mayor dispersión en frecuencia y viceversa.

Si la señal estuviera corrida en el tiempo en t_o y en frecuencia ω_o, de las propiedades de preservación de los corrimientos en tiempo y frecuencia resultaría:

$$WVD_x(t,\omega) = 2\exp\left\{-\left(\alpha\,(t-t_o)^2 + \frac{1}{\alpha}(\omega-\omega_0)^2\right)\right\}$$

esto es, centrada en (t_0, ω_0).

En la *Figura 4.4* se muestra la WVD de la señal:

$$x(t) = \left(\frac{\alpha}{\pi}\right)^{1/4} exp\left(-\frac{\alpha}{2}(t-128)^2 + j\frac{\pi}{2}t\right)$$

Los conjuntos de nivel de la WVD de esta señal consiste en elipses concéntricas.

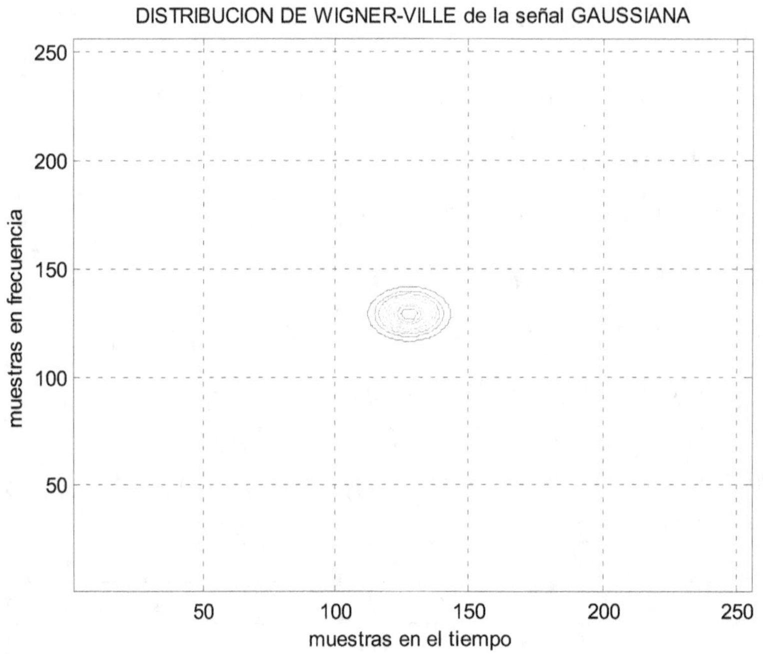

Figura 4.4:   Distribución de Wigner-Ville de la señal Gaussiana

Para $WVD_x(t,\omega) = e^{-1}$, la elipse tiene área $A = \pi$ La resolución de la WVD es fija, esto es, no se producen efectos por la ventana como en el caso del espectrograma. Además si se toma el área de los conjuntos de nivel como un indicador de la bondad de la resolución, la WVD aventaja en mucho la correspondiente al espectrograma donde en situaciones similares, el área mínima es $A = 2\pi$ (*Figura 4.1)* doble del que exhibe la WVD.

2) La WVD del chirp lineal (*Figura 4.5)*

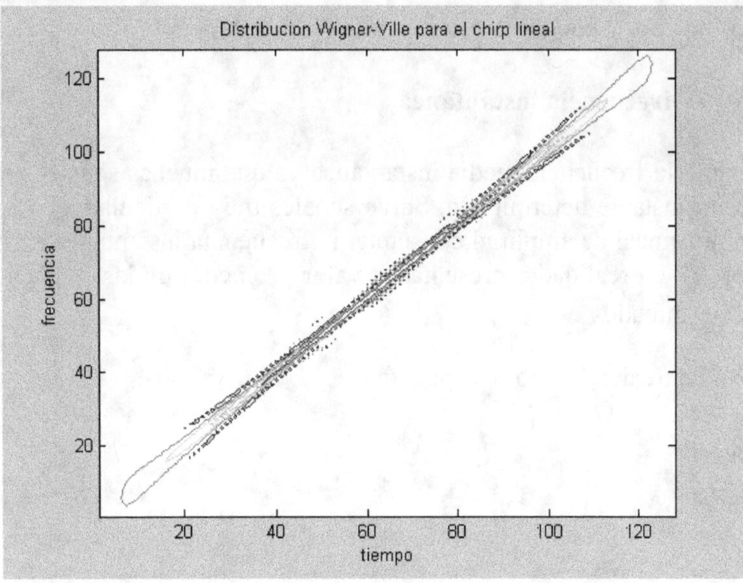

Figura 4.5:   WVD chirp lineal

4.3.2. Frecuencia Instantanea y Group Delay

Para las representaciones lineales como la Transformada de Fourier a tiempo corto o la Transformada Ondita, la bondad de la representación puede ser juzgada analizando simplemente las funciones elementales: mientras más concentradas en tiempo y frecuencia están, más adecuadamente la representación propuesta describe los comportamientos locales de la señal.

Hay que destacar que en las transformaciones para el análisis tiempo-frecuencia más generales no se tiene a la vista las funciones elementales explícitas y debe encararse de otra manera la comparación de uno y otro método.

La Frecuencia Instantánea, Ancho de Banda y Group Delay son herramientas útiles para este fin.

Sea la señal real valuada $x(t)$. Siempre es posible asociarle la señal compleja

$$x_a(t) = x(t) + jHT(x(t)) \text{ con } HT(x(t)): \text{ Transformada de Hilbert de } x(t)$$

a la cual se la denomina **señal analítica** asociada a $x(t)$.

Esta definición tiene una sencilla interpretación en el dominio de la frecuencia: $X_a(\omega)$ tiene sólo valores no negativos de frecuencia

$$X_a(\omega) = \begin{cases} 0 & para \quad \omega < 0 \\ X(0) & para \quad \omega = 0 \\ 2X(\omega) & para \quad \omega > 0 \end{cases}$$

La señal analítica asociada a *x(t)* puede ser escrita: $x_a(t) = A(t).\exp(j\varphi(t))$

Llamamos a $f_x(t) = \varphi'(t)$ **frecuencia instantánea**.

A veces se prefiere llamarla frecuencia media instantánea ya que muchas señales poseen más de una frecuencia en un instante determinado. Salvo señales muy particulares como la sinusoide compleja o el chirp lineal de amplitud constante, la frecuencia instantánea no es un único valor por lo que $\varphi'(t)$ en realidad representa un valor promedio de las frecuencias de la señal en un instante determinado *t*.

Para un espectro dependiente del tiempo se espera que:

$$\frac{\int \omega\, P(t,\omega)d\omega}{\int P(t,\omega)d\omega} = \varphi'(t)$$

Ni es espectrograma ni el escalograma gozan de esta propiedad.

Se muestra que la frecuencia instantánea de una señal *x(t)* puede obtenerse a partir del momento de primer orden en frecuencia de la Distribución de Wigner-Ville

$$<\omega>_t = \frac{\dfrac{1}{2\pi}\int \omega\, WVD_x(t,\omega)d\omega}{\dfrac{1}{2\pi}\int WVD_x(t,\omega)d\omega} = \frac{\dfrac{1}{2\pi}\int \omega\, WVD_x(t,\omega)d\omega}{\left|A(t)\right|^2} = \varphi'(t) \qquad (8)$$

luego, la frecuencia media dependiente del tiempo de la WVD es igual a la frecuencia instantánea de la señal analizada.

En general, para un instante determinado, la señal exhibe más de un valor de frecuencia por lo que hemos dicho que $\varphi'(t)$ en realidad representa un valor medio. Es entonces posible hablar de un **ancho de banda instantáneo** el que indica cómo se expande la energía de la señal respecto a la frecuencia instantánea. Cuando la WVD es no negativa es posible encontrar dicho ancho de banda como un momento de segundo orden de la WVD:

$$\Delta_t^2 = \frac{\int (\omega - <\omega>_t)^2 WVD_x(t,\omega)d\omega}{\int WVD_x(t,\omega)d\omega} \qquad (9)$$

Así como la frecuencia instantánea caracteriza el comportamiento local de la frecuencia como una función del tiempo, de manera dual el comportamiento local del tiempo como una función de la frecuencia es descripta por el **group delay**

$$t_x(f) = -\frac{1}{2\pi}\frac{d\arg X(f)}{df}$$

el cual mide el tiempo promedio de llegada de la frecuencia f

Para una señal $x(t)$ con Transformada de Fourier $\|X(\omega)\|\exp(j\psi(\omega))$ se muestra que:

$$\frac{\int tWVD_x(t,\omega)dt}{\int WVD_x(t,\omega)dt} = \frac{\int tWVD_x(t,\omega)dt}{\|X(\omega)\|^2} = -2\pi\,\psi'(\omega) \qquad (10)$$

Como $t_x(f) \propto \psi'(\omega)$ resulta que el group delay es el momento de primer orden respecto al tiempo de la WVD.

4.3.3. Términos Interferentes

La Distribución de Wigner – Ville no sólo posee muy buenas propiedades sino que también exhibe mejor resolución que la STFT y el espectrograma. Sin embargo presenta un inconveniente que ha limitado su aplicación y ella es la existencia de términos interferentes.

Como la WVD es una función bilineal de la señal, cuando la misma es suma de dos componentes resulta:

$$WVD_{x+y}(t,\omega) = WVD_x(t,\omega) + WVD_y(t,\omega) + 2\Re\left\{WVD_{xy}(t,\omega)\right\}$$

$$con \quad WVD_{xy} = \int_{-\infty}^{+\infty} x(t+\frac{\tau}{2})\overline{y}(t-\frac{\tau}{2})\exp(-j2\pi f\,\tau)d\tau \qquad (11)$$

Esto es, la WVD de la suma de dos señales no es igual a la suma de sus respectivas WVD sino que aparecen términos adicionales.

Estos términos cruzados usualmente oscilan y su magnitud es dos veces mayor que los autotérminos y a menudo oscurecen los patrones útiles del espectro dependiente del tiempo.

La forma de reducir estos términos interferentes sin modificar las importantes propiedades de la WVD ha sido motivo de intensos estudios en los últimos años.

De la fórmula (11) se observa que cada par de autotérminos crean un término cruzado. Luego, para N componentes individuales, el número total de términos cruzados es N(N-1)/2

En los casos más simples es relativamente fácil de identificar esta interferencia. Sin embargo, para señales de la vida real, los términos cruzados normalmente se solapan con los autotérminos volviendo el espectro dependiente del tiempo confuso.

Los términos cruzados en realidad reflejan la correlación de los correspondientes pares de autotérminos. Su localización y tasa de oscilación están determinados por los centros de tiempo y frecuencia de los autotérminos, esto es, si se conoce con precisión la posición de los autotérminos se puede ubicar perfectamente los términos cruzados.

En la *Figura 4.6* se muestra la Distribución de Wigner–Ville de una señal suma de dos componentes Gaussianas desplazadas en tiempo y frecuencia, apreciándose claramente la presencia del termino interferente entre los autotérminos

Se muestra que la tasa de oscilación de los términos cruzados es proporcional a la distancia entre los autotérminos correspondientes en el dominio de la frecuencia mientras que su magnitud decae exponencialmente con la distancia de los mismos en el dominio del tiempo. Esto significa que mientras más distantes temporalmente estén los autotérminos, menos energía contienen los términos cruzados.

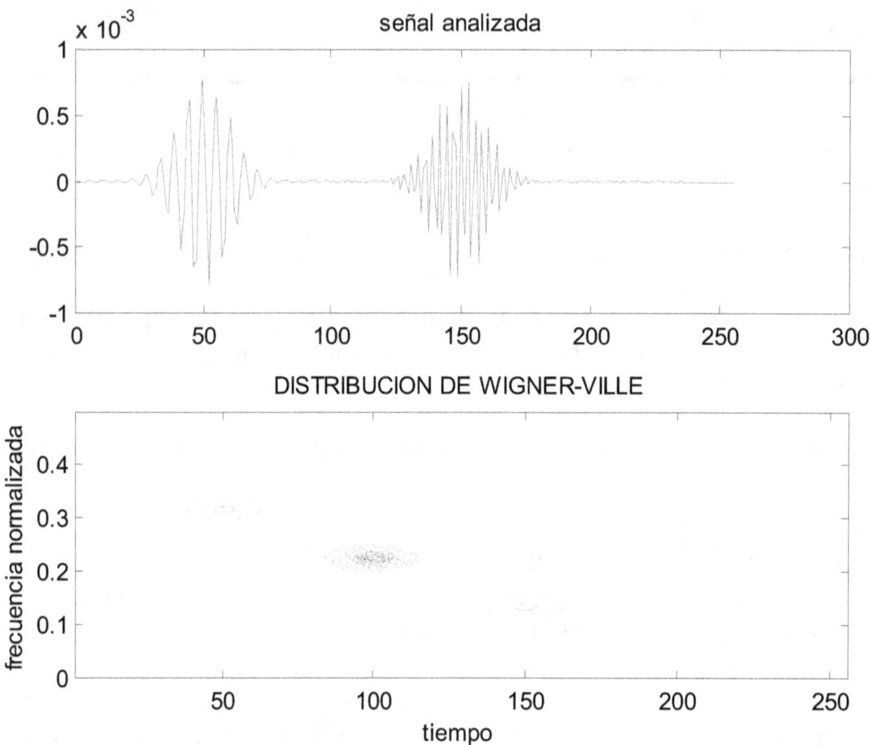

Figura 4.6:   Presencia de los términos interferentes entre los autotéminos

4.4. VINCULACIÓN ENTRE LA WVD, EL ESPECTROGRAMA Y EL ESCALOGRAMA

Hemos visto que tanto el espectrograma como el escalograma pueden ser usados para describir los cambios en la energía de la señal en el dominio conjunto tiempo-frecuencia.

Interesa analizar como están vinculados a la WVD.

Es relativamente sencillo mostrar:

$$P_x(t,\omega) = \left| STFT(t,\omega) \right|_x^2 = \iint WVD_x(u,v)WVD_h(t-u,\omega-v)dudv \quad (12)$$

donde $WVD_x(t,\omega)$ y $WVD_h(t,\omega)$ son las WVD de la señal en estudio y la señal de análisis respectivamente. La fórmula (12) representa una convolución 2D la cual dice que el espectrograma es un producto de convolución entre las WVD de $x(t)$ y $h(t)$

Cuando la WVD de la señal de análisis es pasa-bajo, luego el espectrograma se puede interpretar como una versión suavizada de la WVD.

De forma similar, el escalograma se puede escribir:

$$SCAL(a,b) = |CWT(a,b)|^2 = \iint WVD_x(u,v)WVD_\psi(\frac{u-b}{a},av)du\ dv\ (13)$$

con $WVD_\psi(t,\omega)$ corresponde a la WVD de la ondita madre. La operación indicada en (13) corresponde a una correlación afin.

4.4. SUAVISADO DE LA WVD - SEÑALES ANALÍTICAS

Se mostró que la WVD de una señal multicomponente es la suma de los autotérminos y de los términos cruzados.

Mientras los primeros son relativamente suaves, los segundos son fuertemente oscilantes.

Luego, una forma natural de disminuir la interferencia de los términos cruzados es aplicar un filtro pasa-bajo $H(t,\omega)$ a la WVD:

$$SWVD_x(t,\omega) = \iint WVD_x(u,v)H(t-u,\omega-v)du\ dv \qquad (14)$$

Debido a que los filtros pasa-bajo realizan una operación de suavizado, llamaremos a ésta Distribución Wigner Ville Suavizada (SWVD). Usualmente el filtrado pasa-bajo suprime sustancialmente los términos cruzados, pero por otro lado disminuye la resolución. Luego nuevamente existe una situación de compromiso entre el grado de suavizado y la resolución

Si $H(t,\omega)$ es la WVD de una función $h(t)$ luego la ecuación (14) es similar a la ecuación (12) y representa el espectrograma con $h(t)$ función ventana. En ese caso la $SWVD$ es no negativa pero ha perdido las propiedades marginales, la frecuencia instantánea y otras propiedades útiles que, poseyéndolas la WVD, no valen para el espectrograma.

Normalmente, la SWVD mejora el problema de los términos interferentes pero a costa de perder resolución y algunas otras propiedades importantes.

La fórmula (14) puede ser aplicada a todas las transformaciones bilineales. En efecto, veremos al tratar las clases de Cohen que si $C(t,\omega)$ es una transformación bilineal, luego:

$$C_x(t,\omega) = \iint WVD_x(u,v)H(t-u,\omega-v)du\ dv$$

para algún filtro (2D), $H(t,\omega)$.

Sin embargo, el suavizado solo se da si el filtro es pasa-bajo.

Las señales con las que se trabaja en condiciones normales son real-valuadas. Como consecuencia directa, el espectro de la misma es simétrico.

En realidad sólo la mitad del espectro suministra información. Para eliminar la redundancia es práctica común trabajar con la señal analítica asociada a $x(t)$.

En el caso de la *WVD* las componentes de frecuencia negativa no sólo introducen redundancia, sino que crean términos interferentes, de aquí las ventajas de esta solución.

Sin embargo, debe tenerse en cuenta que la señal analítica difiere de la señal original en varios aspectos. Así, si bien una señal real y su analítica asociada tienen el mismo espectro de potencia positivo, sus propiedades instantáneas pueden ser sustancialmente distintas.

Es posible establecer la relación entre la WVD de la señal dato y de su analítica:

$$WVD_a(t,\omega) = \frac{1}{2\pi}\int_{-\infty}^{\infty} X_a(\omega+\frac{\Omega}{2})\,X_a(\omega-\frac{\Omega}{2})\exp(j\Omega t)d\Omega$$

$$= \frac{1}{2\pi}\int_{-2\omega}^{2\omega} X(\omega+\frac{\Omega}{2})X(\omega-\frac{\Omega}{2})\exp(j\Omega t)d\Omega \qquad (15)$$

$$= \frac{1}{2\pi}\int_{-\infty}^{\infty} H(\Omega)X(\omega+\frac{\Omega}{2})\,X(\omega-\frac{\Omega}{2})\exp(j\Omega t)d\Omega$$

donde $H(\Omega)$ es un filtro pasa-bajo ideal con frecuencia de corte 2ω

La expresión (15) puede ser escrita:

$$WVD_a(t,\omega) = 2\int_{-\infty}^{\infty} \frac{\sin(2\omega\,\tau)}{\tau} WVD_x(t-\tau,\omega)d\tau$$

resultado de convolucionar la WVD de la señal con el filtro pasa-bajo ideal

$$h(t) = \frac{\sin(2\omega\,t)}{t}$$

y trae como consecuencia un suavizado de la WVD en el tiempo afectando también en este caso las propiedades marginales de la WVD.

4.5. DISTRIBUCIÓN WIGNER – VILLE DISCRETA

Debido a la naturaleza cuadrática de la WVD su muestreo debe ser hecho con cuidado.

Partiendo de la expresión:

$$WVD_x(t,\omega) = \int x(t+\frac{\tau}{2})\bar{x}(t-\frac{\tau}{2})\exp(-j\omega\,\tau)d\tau$$

Haciendo

$$u = \frac{\tau}{2}: \quad WVD_x(t,\omega) = 2\int x(t+u)\,\bar{x}(t-u)\exp(-j2\omega\,u)du$$

Por integración numérica con $u=n\Delta$ se obtiene una primera aproximación:

$$WVD_x(t,\omega) = 2\Delta \sum_n x(t + n\Delta)\overline{x}(t - n\Delta)\exp(-j2\omega\, n\Delta)$$

Si se muestrea la señal $x(t)$ con período $\Delta_t=\Delta$, escribiendo $x[m] = x(m\Delta_t)$ y evaluando la WVD en los puntos de muestreo $m\Delta_t$ se obtiene una expresión discreta en el tiempo y continua en frecuencia:

$$WVD_x[m\Delta_t,\omega] = 2\Delta_t \sum_n x\big[(m+n)\Delta_t\big]\,\overline{x}\big[(m-n)\Delta_t\big]\,e^{-j2\omega\, n\Delta_t} \qquad (16)$$

Esta expresión es periódica en frecuencia con período π/Δ_t, en contrapartida del período $2\pi/\Delta_t$ obtenido para la Transformada de Fourier de una señal muestreada en la tasa de Nyquist. La expresión (16) implica que la componente de más alta frecuencia en (16) debe ser menor o a lo sumo igual que $\pi/2\Delta_t$. De lo contrario, la versión de la WVD estará afectada de aliasing

Para evitar el aliasing se presentan dos alternativas. Una de ellas es sobremuestrear la señal en al menos un factor 2, y la segunda, aplicable sólo si $x(t)$ es real, es usar la señal analítica con las ventajas e inconvenientes que se han expuesto en el punto anterior.

El próximo paso es muestrear la frecuencia usando la Transformada de Fourier Discreta lo que lleva después de algún algebreo a una expresión apta para la implementación de algoritmos rápidos de cálculo.

5

SOLUCIONES CUADRÁTICAS (2)

5.0. LA CLASE DE COHEN

Además de la WVD, existen otras expresiones bilineales para el análisis conjunto tiempo-frecuencia. Es importante notar que una clase importante de ellas pueden ser escritas en una forma general que fue introducida por Cohen lo que facilita su estudio y permite el diseño de representaciones de este tipo con propiedades establecidas de antemano.

5.1 FUNCIÓN DE AMBIGÜEDAD

Se vio que el espectro de potencia tradicional podía generalizarse en un espectro dependiente del tiempo:

$$P(t,\omega) = \int R(t,\tau)\exp(-j\omega\tau)d\tau$$

Si la función de autocorrelación se elige como:

$$R(t,\tau) = x\left(t+\frac{\tau}{2}\right)\overline{x}\left(t-\frac{\tau}{2}\right) \tag{1}$$

luego tomando su Transformada de Fourier respecto a la variable τ (lag), el espectro de potencia resultante es la Distribución de Wigner Ville

$$WVD_x(t,\omega) = \int x(t+\frac{\tau}{2})\ \overline{x}(t-\frac{\tau}{2})exp(-j\omega\tau)d\tau \tag{2}$$

Si se toma la Transformada de Fourier con respecto a la variable t en vez de τ se obtiene otra representación tiempo-frecuencia conjunto llamada la **función de ambigüedad simétrica (AF)**:

$$AF_x(\vartheta,\tau) = \int x\left(t+\frac{\tau}{2}\right)\overline{x}\left(t-\frac{\tau}{2}\right)\exp\{-j\vartheta t\}dt \tag{3}$$

la cual se denomina la **auto-AF.**

En correspondencia, la **AF- cruzada** se define

$$AF_{x,y}(\vartheta,\tau) = \int x\left(t+\frac{\tau}{2}\right)\overline{y}\left(t-\frac{\tau}{2}\right)\exp(-j\vartheta t)dt \tag{4}$$

NOTAR: las variables "t" y "ω" de la WVD han sido reemplazadas por "ϑ" y "τ" llamadas respectivamente **doppler** y **delay**

A diferencia de la auto WVD, la cual es real para cualquier señal, la AF es generalmente compleja con:

$$AF_{x,y}(\vartheta,\tau) \neq \overline{AF_{y,x}}(\vartheta,\tau)$$

A partir de una AF_x, es posible computar la función de autocorrelación dependiente del tiempo, por la Transformada Inversa de Fourier

$$\frac{1}{2\pi}\int AF_x(\vartheta,\tau)\exp(j\vartheta t)d\vartheta = x(t+\frac{\tau}{2})\,\bar{x}(t-\frac{\tau}{2})$$

Sustituyendo en (2):

$$WVD_x(t,\omega) = \frac{1}{2\pi}\int\int AF_x(\vartheta,\tau).\exp\{-j(\omega\tau - \vartheta t)\}d\vartheta\,d\tau \qquad (5)$$

que indica que la WVD es una doble Transformada de Fourier de la función de ambigüedad simétrica.

NOTA: Estrictamente hablando, contiene una Transformada de Fourier y una Transformada de Fourier Inversa. Por simplicidad, en la mayoría de la literatura se dice "doble Transformada de Fourier".

De las relaciones vistas, la función de ambigüedad y la Distribución de Winer-Ville pueden ser consideradas duales en el sentido de que ellas son un par transformado de Fourier. Esta dualidad está reflejada en sus propiedades matemáticas (**TABLA I**)

C) TABLA I

Propiedades de la WVD	Propiedades de la función de ambigüedad
$WVD_x(t,\omega) = \overline{WVD_x}(t,\omega)$	$AF_x(\vartheta,\tau) = \overline{AF}(-\vartheta,-\tau)$
$x(t\text{-}t_o) \rightarrow WVD_x(t\text{-}t_o,\omega)$	$x(t\text{-}t_o) \rightarrow AF_x(\vartheta,\tau).exp(\text{-}j\,t_o\vartheta)$
$x(t)\,exp(j\,\omega_o t) \rightarrow WVD_x(t,\omega\text{-}\omega_o)$	$x(t)\,exp(j\,\omega_o\,t) \rightarrow AF_x(\vartheta,\tau)exp(j\,\omega_o\,t)$
$\int_\omega WVD_x(t,\omega)d\omega = p_x(t) = \left\|x(t)\right\|^2$	$AF_x(\vartheta,0) = R_x(\vartheta) = \int_\omega X(\omega+\vartheta)X(\omega)d\omega$
$\int_t WVD_x(t,\omega)dt = P_x(\omega) = \left\|X(\omega)\right\|^2$	$AF_x(0,\tau) = R_x(\tau) = \int_t x(t+\tau)x(t)dt$
$x(t)=0\ si\ t\notin[t_1,t_2] \rightarrow WVD_x = 0\ si\ t\notin[t_1,t_2]$	$x(t)=0\ si\ t\notin[t_1,t_2] \rightarrow AF_x(\vartheta,\tau)=0 si\ \left\|\tau\right\|>t_2\text{-}t_1$
$X(\omega)=0\ si\ \omega\notin[\omega_1,\omega_2] \rightarrow$ $WVD_x(t,\omega)=0\ si\ \omega\notin[\omega_1,\omega_2]$	$X(\omega)=0\ si\ \omega\notin[\omega_1,\omega_2] \rightarrow$ $AF_x(\vartheta,\tau)=0\ si\ \left\|\vartheta\right\|>\omega_2\text{-}\omega_1$

$$\dfrac{\displaystyle\int_{\omega}\omega WVD_x(t,\omega)d\omega}{\displaystyle\int_{\omega}WVD_x(t,\omega)d\omega}=f_x(t)\ \textit{(frec. Instantánea)}$$	$$\dfrac{1}{j2\pi}\ \dfrac{\displaystyle\int_{\vartheta}\left[\dfrac{\delta}{\delta\tau}AF_x(\vartheta,\tau)\right]_{\tau=0}\exp(jt\vartheta)d\vartheta}{\displaystyle\int_{\vartheta}AF_x(\vartheta,0)\exp(jt\vartheta)d\vartheta}=f_x(t)$$
$$\dfrac{\displaystyle\int_{t}tWVD_x(t,\omega)dt}{\displaystyle\int_{t}WVD_x(t,\omega)dt}=t_x(\omega)\ \textit{(group delay)}$$	$$-\dfrac{1}{j2\pi}\ \dfrac{\displaystyle\int_{\tau}\left[\dfrac{\delta}{\delta\vartheta}AF_x(\vartheta,\tau)\right]_{\vartheta=0}\exp(-j\omega\tau)d\tau}{\displaystyle\int_{\tau}AF_x(0,\tau)\exp(-j\omega\tau)d\tau}=t_x(\omega)$$

EJEMPLO 1

Sea la función Gaussiana

$$x(t)=\left(\frac{\alpha}{\pi}\right)^{1/4}\exp\left[-\frac{\alpha}{2}(t-t_o)^2+j\omega_o t\right]$$

centrada en tiempo y frecuencia en t_o y ω_o respectivamente. La correspondiente función de ambigüedad es:

$$AF_x(\vartheta,\tau)=\exp\left[-\left(\frac{1}{4\alpha}\vartheta^2+\frac{\alpha}{4}\tau^2\right)\right]\exp(j(\omega_o\tau+\vartheta\,t_o)) \tag{6}$$

en que se observa que está centrada en el origen y oscila (*Figura 5.1*)

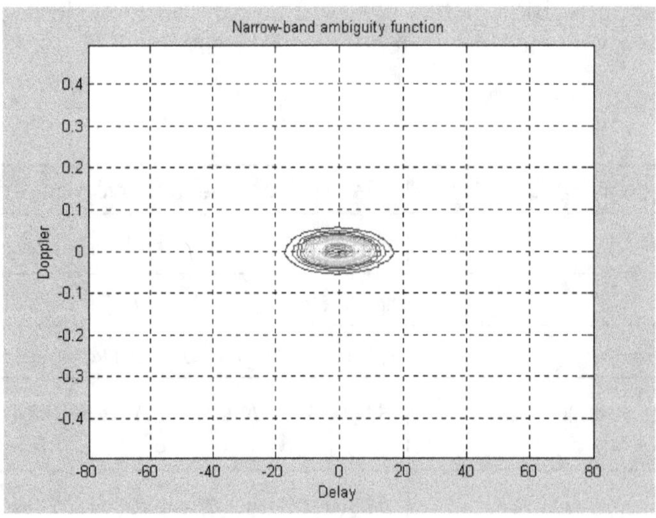

Figura 5.1:   Función de Ambigüedad de la señal Gaussiana corrida en el tiempo $t_o=1$ y modulada con $\omega_o=20$

La fase $(\omega_o t+\vartheta\,t_o)$ está relacionada con el corrimiento en el tiempo t_o y la modulación en frecuencia ω_o de la señal.

En contraste, la WVD de la función Gaussiana es:

$$WVD_x(t,\omega)=2\exp\left[-\alpha(t-t_o)^2-\frac{1}{\alpha}(\omega-\omega_o)^2\right]$$

que está centrada en (t_o, ω_o), esto es el corrimiento en el tiempo y modulación en frecuencia de la señal está asociado con la ubicación en el plano tiempo – frecuencia de su *WVD* (*Figura 4.4*)

Como en todas las representaciones bilineales, en la *AF* de una señal multicomponente, aparecen términos cruzados. Los elementos correspondiente a los autotérminos están fundamentalmente ubicados alrededor del origen, mientras que los elementos correspondientes a los términos interferentes aparecen a una distancia del origen que es proporcional a la distancia en tiempo-frecuencia de las componentes involucradas

EJEMPLO 2:

Así sea la señal compuesta por dos señales moduladas en frecuencia lineal, de 0.2 a 0.5 en frecuencia normalizada la primera y de 0.3 a 0.0 la segunda, con amplitudes Gaussianas (*Figura 5.2*)

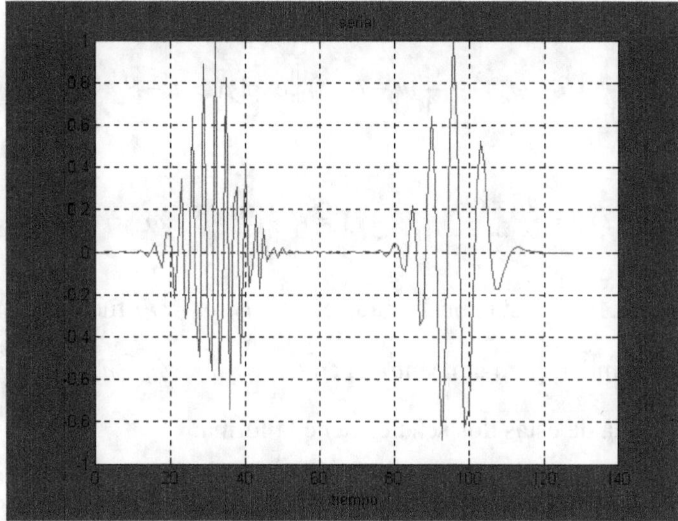

Figura 5.2.   Señal "sig" formada por dos componentes moduladas en frecuencia lineal con amplitudes Gaussianas

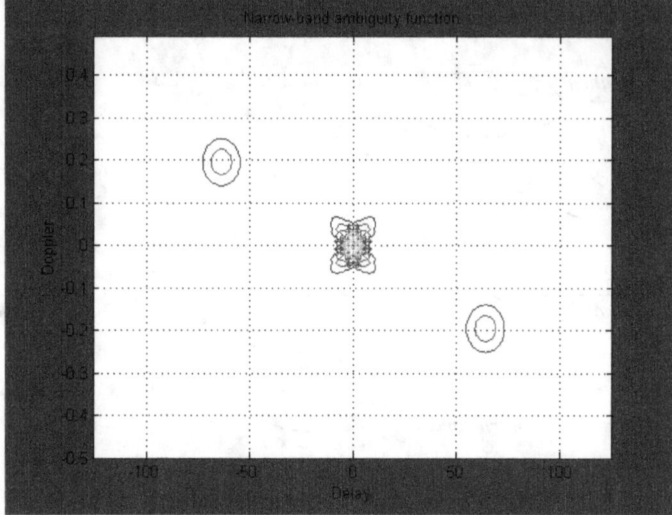

Figúra 5.3.   Función de Ambigüedad de la señal "sig"

Puede observarse (*Figura 5.3*) los autotérminos centrados en el origen y alejados del mismo los términos interferentes.

EJEMPLO 3:

Se desarrollará analíticamente un caso simplificado del ejemplo anterior. Sea la señal

$$x(t) = x_1(t) + x_2(t) = \left(\frac{\alpha}{\pi}\right)^{1/4} \exp\left(-\frac{\alpha}{2}(t-t_1)^2 + j\omega_1 t\right) + \left(\frac{\alpha}{\pi}\right)^{1/4} \exp\left(-\frac{\alpha}{2}(t-t_2)^2 + j\omega_2 t\right)$$

esto es, la suma de dos funciones Gaussianas concentradas en (t_1,ω_1) ; (t_2,ω_2) respectivamente. La función de ambigüedad es

$$AF_x(\vartheta,\tau) = AF_{x_1}(\vartheta,\tau) + AF_{x_2}(\vartheta,\tau) + AF_{x_1,x_2}(\vartheta,\tau) + AF_{x_2,x_1}(\vartheta,\tau)$$

Los dos primeros términos son similares a los desarrollados en el ejemplo 1, fórmula (6), y están concentrados en el origen mientras los términos cruzados son de la forma:

$$AF_{x_1,x_2}(\vartheta,\tau) = \exp\left[-(\frac{1}{4\alpha}(\vartheta-\omega_d)^2 + \frac{\alpha}{4}(\tau-t_d)^2)\right].\exp\left[j(\omega_u\tau - \vartheta\, t_u + \omega_d t_u)\right] \qquad (7)$$

con

$$t_u = \frac{t_1+t_2}{2} \quad ; \quad \omega_u = \frac{\omega_1+\omega_2}{2} \quad ; \quad t_d = t_1 - t_2 \quad ; \quad \omega_d = \omega_1 - \omega_2$$

La fórmula (7) indica que la AF_{x_1,x_2} está concentrada en *(t_1 - t_2, ω_1 - ω_2)* fuera del origen.

La AF_{x_2,x_1} tiene una forma similar, pero concentrada en *(t_2 – t_1, ω_2 - ω_1) (Figura 5.4)*

Por otro lado, la *WVD* cruzada de estas dos señales tiene la forma:

$$WVD_{x_1,x_2}(t,\omega) = 2\exp\left[-\alpha(t-t_u)^2 - \frac{1}{\alpha}(\omega-\omega_u)^2\right].\exp\left\{j[(\omega-\omega_u)t_d + \omega_d t]\right\}$$

en la que se observa que los términos interferentes están centrados entre los autérminos

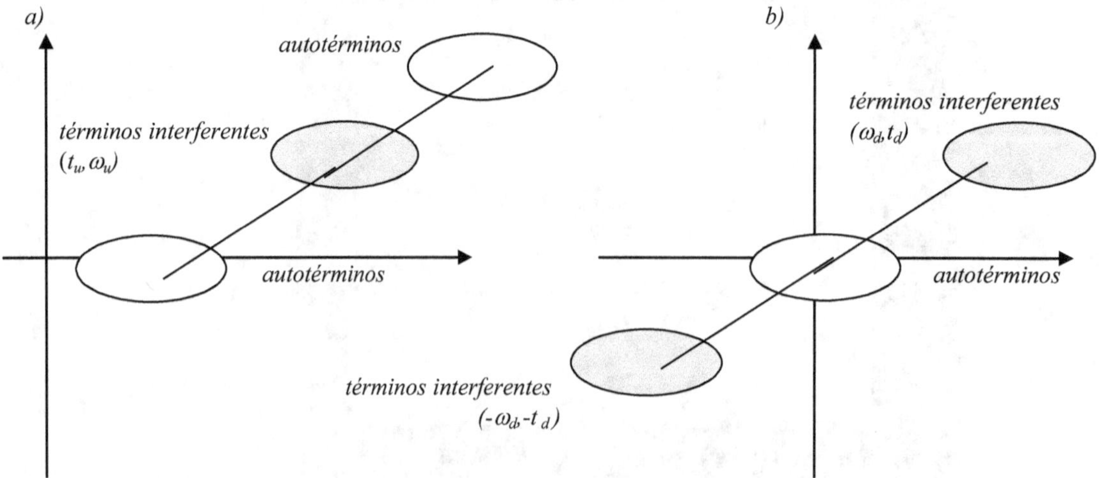

Figura 5.4:   Ubicación de los términos interferentes en a) la WVD b) la AF

Llamando $\varphi_{AF}(\vartheta,\tau)$ a la fase de la AF_{x_1,x_2} resulta:

$$\frac{\delta}{\delta\vartheta}\varphi_{AF}(\vartheta,\tau) = -t_u \quad ; \quad \frac{\delta}{\delta\tau}\varphi_{AF}(\vartheta,\tau) = \omega_u$$

que muestra que las derivadas parciales de la fase de la función de ambigüedad de los términos cruzados, coinciden con el centro en el dominio tiempo – frecuencia, de la *WVD* cruzada correspondiente.

Recíprocamente, llamando $\varphi_{WVD}(t,\omega)$ la fase de WVD_{x_1,x_2} :

$$\frac{\delta}{\delta\omega}\varphi_{WVD}(t,\omega) = t_d \quad ; \quad \frac{\delta}{\delta t}\varphi_{WVD}(t,\omega) = \omega_d$$

que expresa que las derivadas parciales de la fase de la *WVD* de los términos cruzados resulta igual al centro de la función de ambigüedad cruzada.

Como la derivada de la fase es normalmente considerada como una frecuencia, la localización de los términos cruzados de la función de ambigüedad está directamente relacionada con la tasa de oscilación de la *WVD*.

En general, los términos cruzados de la *WVD* exhiben fuertes oscilaciones, lo cual implica que la derivada parcial de la fase es grande, de donde los términos correspondientes de la función de ambigüedad están alejados del origen. Recíprocamente, mientras más alejados estén los AF_{x_1,x_2} mayor es la oscilación de la WVD_{x_1,x_2}, en cuyo caso presentan un valor promedio muy pequeño y por lo tanto contribuciones despreciables en las propiedades útiles de la WVD de la señal. De aquí que los AF_{x_1,x_2} alejados del origen puedan ser ignorados.

Este hecho motiva la idea que si se aplica un filtro 2D pasa-bajo alrededor del origen a la función de ambigüedad y luego se recalcula la WVD por una doble Transformada de Fourier, los términos interferentes se encontrarán fuertemente atenuados.

La función de ambigüedad *AF* y su magnitud al cuadrado, **superficie de ambigüedad**, *AS* ha sido intensamente usada en los campos de radar, sonar, radio astronomía y telecomunicaciones entre otros.

En el caso del radar el problema es la estimación de la distancia y velocidad de un blanco móvil, donde la distancia y velocidad corresponden al parámetro de retardo (delay) τ y el corrimiento Doppler ϑ. La ubicación del máximo de la AS cruzada de la señal recibida y la transmitida puede ser interpretado como el estimador de máxima similitud de τ y ϑ en el caso de un blanco no fluctuante. También la auto AS de la señal transmitida provee de información pertinente acerca de la performance del estimador de máxima similitud y es por lo tanto uno de los principales criterios para el diseño de la señal a transmitir.

5.2 LA CLASE DE COHEN

En 1966 León Cohen, trabajando en Mecánica Cuántica y la Teoría de los Operadores, derivó una clase de representaciones conjuntas tiempo-frecuencia mostrando que todas ellas podían ser escritas en una forma general única, la cual tomó posteriormente la denominación de **La Clase de Cohen.**

Se toma como punto de partida la siguiente definición de la función de autocorrelación dependiente del tiempo:

$$R(t,\tau) = \frac{1}{2\pi}\int AF(\vartheta,\tau)\Phi(\vartheta,\tau)\exp(j\vartheta t)d\vartheta \qquad (8)$$

donde $\Phi(\vartheta,\tau)$ se llama **función kernel** o **función de parametrización**.

Del Teorema de la Convolución:

$$R(t,\tau) = F^{-1}(AF(\vartheta,\tau) * F^{-1}(\Phi(\vartheta,\tau)) =$$

$$= \left[x(t+\frac{\tau}{2}).\bar{x}(t-\frac{\tau}{2}) \right] * \phi(t,\tau)$$

$$= \int x\left(u+\frac{\tau}{2}\right)\bar{x}\left(u-\frac{\tau}{2}\right)\phi(t-u,\tau)du$$

ecuación que dice que la función de autocorrelación dependiente del tiempo propuesta por Cohen es la función de autocorrelación dependiente del tiempo

$$x\left(t+\frac{\tau}{2}\right)\bar{x}\left(t-\frac{\tau}{2}\right)$$

empleada en la WVD, filtrada linealmente.

Las representaciones que pertenecen a la clase de Cohen toman la forma:

$$C(t,\omega) = \frac{1}{2\pi}\iint AF(\vartheta,\tau)\Phi(\vartheta,\tau)exp\{ j(\vartheta\, t - \omega\,\tau)\}d\vartheta\, d\tau \qquad (9)$$

o alternativamente:

$$C(t,\omega) = \iint x\left(u+\frac{\tau}{2}\right).x\left(u-\frac{\tau}{2}\right)\phi(t-u,\tau)du\, \exp\{-j\omega\tau\}d\tau \qquad (10)$$

Luego la diferencia entre la WVD y los miembros de la clase de Cohen tales como la Distribución Choi- Williams o la Distribución Cono está completamente determinada por la naturaleza del filtro $\phi(t,\tau)$. Cuando éste es pasa-todo, esto es: $\Phi(\vartheta,\tau)=1$ la expresión (9) da exactamente la Distribución de Wigner-Ville.

Cuando la función kernel $\Phi(\vartheta,\tau)$ es la función de ambigüedad válida para alguna función del tiempo γ (t), luego la $C(t,\omega)$ corresponde al espectrograma STFT con función ventana γ (t)

La importancia del trabajo de Cohen es que reduce el problema del diseño de un espectro dependiente del tiempo a la selección de la función kernel $\Phi(\vartheta,\tau)$. Algunas propiedades importantes de las $C(t,\omega)$ y las características del kernel se dan en la **TABLA II**.

En general, la clase de Cohen puede ser negativa a menos que el kernel sea dependiente de la señal o corresponda a la función de ambigüedad de una función $\gamma(t)$, en cuyo caso, como ya hemos mencionado, la $C(t, \omega)$ es equivalente al espectrograma STFT.

NOTAR que en este caso la $C(t, \omega)$ resultante no cumple las propiedades 4,5,6,7,9 y 10.

TABLA II

	Propiedades	KERNEL
1	*Invariante corrimientos en el tiempo*	*Independiente de la variable tiempo t*
2	*Invariante corrimiento frecuencia*	*Independiente de la variable ω*
3	*Real*	$\Phi(\vartheta, \tau) = \Phi(-\vartheta, -\tau)$
4	*Marginal en tiempo*	$\Phi(\vartheta, 0) = 1$
5	*Marginal en frecuencia*	$\Phi(0, \tau) = 1$
6	*Frecuencia instantánea*	$\Phi(\vartheta, 0) = 1;\ \dfrac{\delta}{\delta\tau}\Phi(\vartheta, \tau)\Big|_{\tau=0} = 0$
7	*Retardo de Grupo (Group delay)*	$\Phi(0, \tau) = 1;\ \dfrac{\delta}{\delta\vartheta}\Phi(\vartheta, \tau)\Big|_{\vartheta=0} = 0$
8	*Positividad*	$\Phi(\vartheta, \tau)$ es la función de ambigüedad de $\gamma(t)$ o dependiente de la señal
9	*Soporte finito en el tiempo*	$\phi(t, \tau) = 0 \quad para \quad \left\|\dfrac{t}{\tau}\right\| > 1/2$
10	*Soporte finito en frecuencia*	$\Phi(\vartheta, \tau) = 0 \quad para \quad \left\|\dfrac{\vartheta}{\tau}\right\| > 1/2$

Del concepto clásico de energía, la función densidad de energía debe ser no negativo. Wigner mostró sin embargo, que una transformación bilineal no puede satisfacer las condiciones marginales y ser simultáneamente no negativo.

Una pregunta natural a hacer es ver la posibilidad que existan distribuciones tiempo-frecuencia que representen la función de densidad y sean no negativas. La respuesta es afirmativa si no nos limitamos a transformaciones bilineales, en cuyo caso es posible dar funciones en tiempo –frecuencia no negativas que tengan las propiedades marginales, por ejemplo:

$$P(t, \omega) = \frac{|s(t)|^2}{\|s(t)\|^2}|S(\omega)|^2 \ con \ \|s(t)\|^2 = \int |s(t)|^2 dt = \frac{1}{2\pi}\int |S(\omega)|^2 d\omega$$

Es evidente que $P(t, \omega)$ es no negativo y satisface las condiciones tiempo –frecuencia marginales, pero no tiene mayor significado en el análisis tiempo-frecuencia, ya que no brinda información respecto al comportamiento local de la señal.

Luego la segunda pregunta a hacer es si existe alguna distribución tiempo – frecuencia no negativa y significativa. La respuesta es **no se sabe**. Aunque hay muchos caminos para crear estas funciones ninguna de ellas ha probado que refleje la naturaleza variante de la señal.

5.3 ALGUNOS MIEMBROS DE LA CLASE DE COHEN

Uno de los principales objetivos perseguidos en el estudio de la Clase de Cohen es buscar un espectro dependiente del tiempo que no sólo preserve todas las útiles propiedades de la WVD, sino que también reduzca la interferencia de los términos cruzados.

La causa de su aparición es que cualquier representación bilineal tiempo-frecuencia (TFR) satisface el "Principio de Superposición Cuadrático", esto es

$$x(t) = c_1 x_1(t) + c_2 x_2(t) \Rightarrow$$

$$TFR_x(t,\omega) = |c_1|^2 TFR_{x_1}(t,\omega) + |c_2|^2 TFR_{x_2}(t,\omega) + c_1\overline{c_2}TFR_{x_1,x_2}(t,\omega) + c_2\overline{c_1}TFR(t,\omega)$$

Expresión que se puede generalizar para una señal con N componentes

$$x(t) = \sum_{k=1}^{N} c_k x_k(t)$$

siguiendo las siguientes reglas:

a)   A cada componente $c_k x_k(t)$ le corresponde un "auto-término" $|c_k|^2 TFR_{x_k}(t,\omega)$

b)   A cada par de señales componentes $c_k x_k(t)$ y $c_l x_l(t)$ con $k \neq l$ le corresponde una componente cruzada $c_k\overline{c_l}TFR_{x_k,x_l}(t,\omega) + c_l\overline{c_k}TFR_{x_l,x_k}(t,\omega)$ (términos interferentes).

Luego para una señal con N componentes, su TFR tiene N componentes de auto-términos y

$$\binom{N}{2} = N(N-1)/2$$

términos interferentes.

Notar que el número de términos interferentes aumenta con N al cuadrado

De acuerdo a lo visto, la porción de la función de ambigüedad que corresponde a los autotérminos está conectada al origen, mientras que la parte de la misma vinculada a los términos cruzados tiende a esparcirse por todo el plano T-F.

Estas observaciones orientaron la búsqueda a encontrar una función kernel $\Phi(\vartheta,\tau)$ tal que el producto $|\Phi(\vartheta,\tau).AF(\vartheta,\tau)|$ respete la vecindad del origen y suprima todo lo demás, con el agregado de que $\Phi(\vartheta,\tau)$ satisfaga la mayor cantidad posible de las propiedades de la **TABLA II.**

Luego, el concepto de las clases de Cohen se centra en torno a la reducción de los términos interferentes, **RID** (reduced interference distribution)

Sin embargo, como ya hemos mencionado, algunas propiedades importantes y la supresión de los términos interferentes no puede lograrse simultáneamente. En efecto, para reducir los términos interferentes, el producto $|\Phi(\vartheta,\tau).AF(\vartheta,\tau)|$ tiene que anularse para valores grandes de ϑ y τ. Por otro lado, para preservar las condiciones marginales en tiempo y frecuencia, debe verificarse

$$|\Phi(\vartheta,0).AF(\vartheta,0)| = AF(\vartheta,0) \qquad\qquad |\Phi(0,\tau).AF(0,\tau)| = AF(0,\tau)$$

lo cual implica que todas las partes de la $AF(\vartheta,\tau)$ tanto en el eje ϑ como en el eje τ deben ser mantenidas, sin interesar cuan lejos del origen se encuentren, lo cual trae como consecuencia directa que la representación resultante preservará todos los términos cruzados que tengan el mismo centro de tiempo o centro de frecuencia.

5.3.1. DISTRIBUCIÓN CHOI-WILLIAMS (o EXPONENCIAL)

Choi y Williams introdujeron el kernel exponencial

$$\Phi(\vartheta,\tau) = exp(-\alpha(\vartheta\ \tau)^2)$$

el cual satisface casi todas las propiedades de la **TABLA II**. En particular, no cumple la (8), esto es, la positividad.

Además, $\Phi(0,0)=1$ y $\Phi(\vartheta,\tau)<1$ para $\vartheta \neq 0$ y $\tau \neq 0$ lo que implica que el kernel exponencial atenúa los términos cruzados creados por dos funciones que tienen centros diferentes tanto en tiempo y como en frecuencia.

El parámetro α controla la velocidad de decaimiento. Mientras más grande es α, más términos cruzados son suprimidos, pero también resultan más afectados los autotérminos. Luego hay una relación de compromiso en la selección de este parámetro.

La Transformada de Fourier inversa del kernel exponencial es:

$$\phi(t,\tau) = \frac{1}{\sqrt{4\pi\alpha\tau^2}} exp\left\{ \frac{1}{4\alpha\tau^2} t^2 \right\}.$$

De donde:

$$CWD(t,\omega) = \iint \frac{1}{\sqrt{4\pi\alpha\tau^2}} exp\left\{ \frac{(t-u)^2}{4\alpha\ \tau^2} \right\} x\left(u + \frac{\tau}{2} \right).x\left(u - \frac{\tau}{2} \right) exp(-j\omega\tau)du\ d\tau \qquad (11)$$

la cual es llamada **Distribución de Choi-Williams (CWD)**

La eficiencia de esta distribución depende fuertemente de la naturaleza de la señal analizada.

En la *Figura 5.5* se muestra la WVD y la CWD de la señal z compuesta por dos señales Gaussianas corridas tanto en tiempo como en frecuencia, donde se aprecia la presencia de los términos interferentes en la WVD mientras que éstos han sido eliminados en la CWD.

El kernel exponencial de la CWD suprime los términos interferentes alejados del origen, pero en cambio preserva los que provienen de componentes igualmente corridos en tiempo o en frecuencia *(Figura 5.6)* apareciendo en consecuencia como réplicas horizontales o verticales.

La CWD preserva en principio las propiedades de la WVD para señales a tiempo continuo.

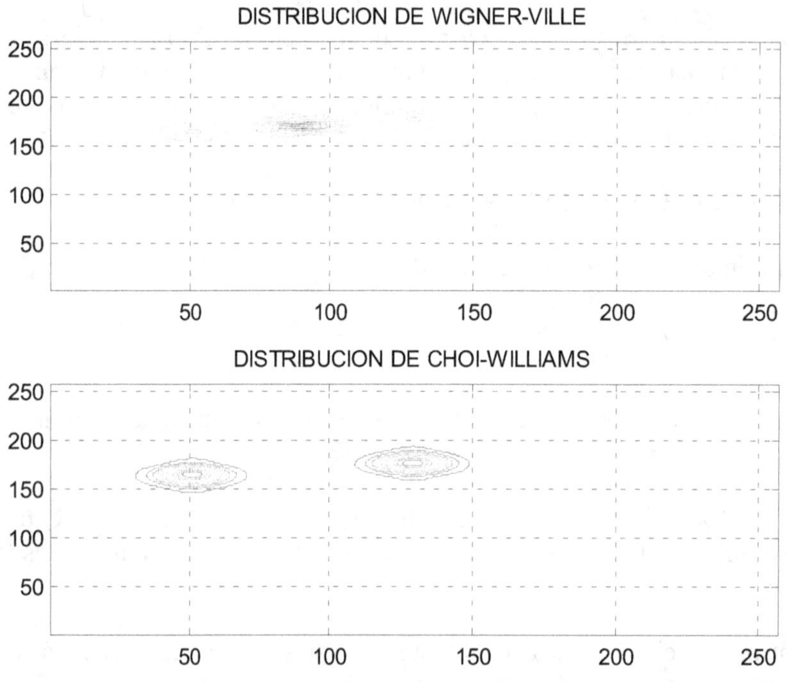

Figura 5.5:   WVD y CWD de una señal suma de dos señales Gaussianas corridas en tiempo y frecuencia

5.3.2. LA DISTRIBUCIÓN CONO o ZAM (de ZAHO-ATLAS-MARKS)

A diferencia de la CWD en el cual el objetivo explícito es lograr la eliminación por filtrado de los términos interferentes, la distribución cono pone el énfasis en garantizar que se satisfagan las propiedades 9,10 de la TABLA II, esto es que la distribución no se extienda más allá del soporte de la señal tanto en tiempo como en frecuencia.

Con esa premisa elige:

$$\phi(t,\tau) = \begin{cases} g(\tau) & para \quad |\tau| \ge 2|t| \\ 0 & otros \end{cases}$$

con lo cual genera una región en forma de cono en el plano (t,τ)

Así resulta:

$$\Phi(\vartheta,\tau) = g(\tau) \int_{-\tau/2}^{\tau/2} exp(-\vartheta\ t)dt = 2g(\tau)\frac{sen(\vartheta\ \tau/2)}{\vartheta} \qquad (12)$$

El kernel en el plano (ϑ, ω) toma también la forma de cono, con lo cual garantiza la propiedad 10 de la TABLA II.

Haciendo

$$g(\tau) = \frac{1}{\tau} \exp(-\alpha\, \tau^2)$$

Luego

$$\Phi(\vartheta, \tau) = \frac{\operatorname{sen}(\vartheta\, t/2)}{\vartheta\, \tau/2} \exp(-\alpha\, \tau^2) \quad para \quad \alpha > 0$$

El parámetro α controla el grado de supresión de los términos interferentes. Mientras más grande es α, se suprimen más términos cruzados a expensas de producir mayores perturbaciones en los autotérminos.

Se verifica

$$\Phi(\vartheta, \tau) = \begin{cases} 1 & \tau = 0 \\ \exp(-\alpha\, \tau^2) & \vartheta = 0 \end{cases}$$

En la *Figura 5.6* se observa una reducción importante de los términos interferentes al considerar la Distribución Cono frente a la Distribución de Choi- Williams.

Se puede ver que la Distribución Cono produce un buen resultado si bien ubica los términos interferentes en casi la misma posición en el plano tiempo-frecuencia que los autotérminos de la señal.

La Distribución Cono está siendo usada fuertemente en el área de análisis de voz en reemplazo del STFT espectrograma. En la *Figura 5.7* se presenta el espectrograma del fonema /a/ y la Distribución Cono correspondiente donde se observa una mayor nitidez en la ubicación de los formantes.

Es necesario destacar que ninguna transformación es óptima para todas las situaciones. Dentro del tipo RID, habrá casos en que en lugar de usar las Distribuciones estandarizadas, resulte de interés diseñar un kernel adecuado para alguna situación particular.

Pero también debe tenerse en cuenta que si bien con una elección adecuada del kernel es posible mejorar la acción de la WVD en lo que a términos interferentes se refiere, siempre es a costa de perder algunas propiedades importantes.

DISTRIBUCION DE CHOI-WILLIAMS

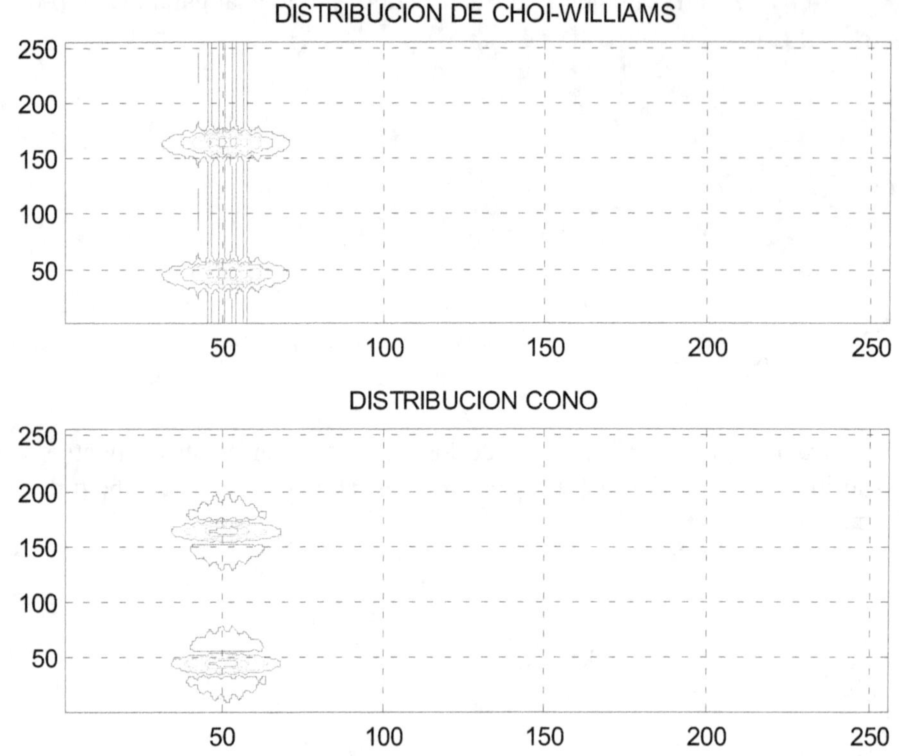

DISTRIBUCION CONO

Figura 5.6.   CWD y Distribución Cono de una señal con dos componentes Gaussianas corridas en frecuencia

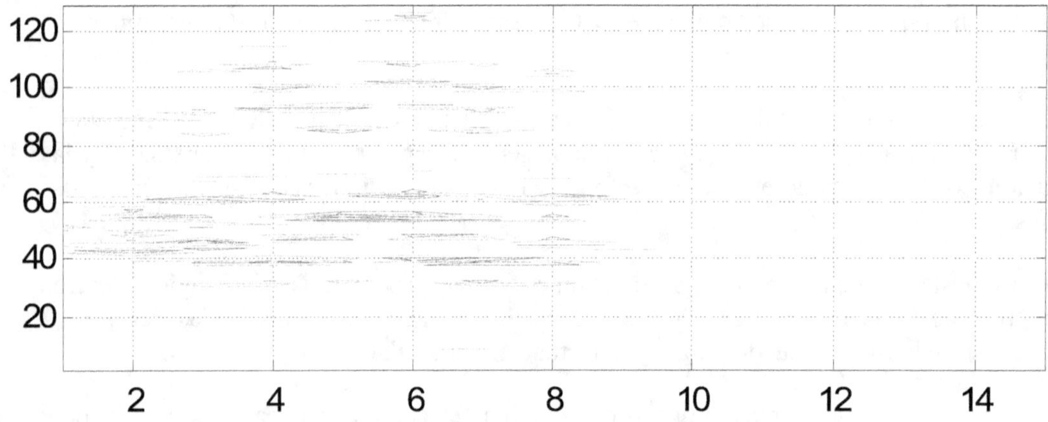

Figura 5.7:   Distribución CONO del fonema /a/

5.3.2. Diseño de Kernels RID

William J. Williams sugiere el siguiente procedimiento para una primera aproximación al diseño de kernels RID.:

1)   Diseñar una función real-valuada $h(t)$ que satisfaga:

    a) $h(t)$ debe tener área unitaria: $\int h(t)dt = 1$

    b) $h(t)$ debe ser una función simétrica del tiempo: $h(t) = h(-t)$

    c) $h(t)$ debe ser limitada en el tiempo, por ej. si $[-1/2, 1/2]$, $h(t) = 0 \quad para \quad |t| > 1/2$

    d) $h(t)$ disminuye suavemente hacia ambos extremos del intervalo de tal manera que su respuesta en frecuencia tenga escasos contenidos de alta frecuencia

$$|H(\omega)| << 1 \quad para \quad |\omega| >> 0$$

A veces para aplicaciones especiales puede que se necesite requerir que $h(t)$ esté en alguna banda de frecuencias particular

2)   Tomar la Transformada de Fourier de $h(t)$:

$$H(\vartheta) = \int h(t).exp(-j\vartheta t)dt$$

3)   Reemplazar $\vartheta \quad por \quad \vartheta\tau \quad en \quad H(\vartheta)$

La función inicial $h(t)$ puede ser considerada como una ventana o la respuesta al impulso de un filtro. Por lo tanto se puede incorporar todo el importante marco teórico del diseño de filtros para el de los kernel RID.

La expresión para una Transformación general de este tipo es:

$$RID_x(t,\omega,h) = \iint \frac{1}{|\tau|} h\left(\frac{u-t}{\tau}\right) x\left(u+\frac{\tau}{2}\right) \overline{x}\left(u-\frac{\tau}{2}\right) exp(-j\omega\tau)dud\tau \qquad (13)$$

donde la función de autocorrelación generalizada es:

$$R_x(t,\tau) = \int \frac{1}{|\tau|} h\left(\frac{u-t}{\tau}\right) x\left(u+\frac{\tau}{2}\right) \overline{x}\left(u-\frac{\tau}{2}\right) du$$

Como hemos mencionado, si bien es posible lograr muy buenos resultados con el uso de estas transformaciones, se debe ser conciente de sus limitaciones:

1) El RID no es no-negativo como lo es el espectrograma. Sin embargo se ha observado que en casi todos los casos, tiene en este sentido, un mejor comportamiento que la WVD, lo cual tiene un justificativo teórico: los términos interferentes de la WVD son los que generalmente exhiben valores negativos. El RID reduce la negatividad como consecuencia de disminuir la magnitud de los términos interferentes.

   Es sabido que no es posible obtener una distribución tiempo-frecuencia positiva con un kernel fijo para todas las señales manteniendo todas las propiedades de la WVD. Valores de Energía negativa no pueden tener una interpretación física convencional, pero ellos son necesarios para lograr los buenos atributos de la distribución. Debe analizarse entonces los beneficios que se obtienen relajando la exigencia de positividad o perdiendo propiedades.

2) En general, los términos interferentes no pueden ser totalmente eliminados. Cuando dos componentes de la señal están poco separadas en tiempo o frecuencia, los términos interferentes son más importantes. En realidad, si dos componentes están solapadas exactamente, los términos cruzados deben existir para obtener los valores correctos de la energía de las señales combinadas. A veces, los términos cruzados resultan de interés ya que reflejan las relaciones entre las componentes de la señal.

3) En el análisis tiempo-frecuencia de la señal se utiliza en la mayoría de los casos la forma analítica de la misma, con lo cual se logra eliminar los términos cruzados entre las componentes de frecuencia positiva y negativa. Sin embargo, para algunas señales de baja frecuencia esto no resulta conveniente porque crea algunas distorsiones y se prefiere usar la señal real dato directamente. De cualquier forma en las distribuciones RID los problemas de los términos cruzados es menor que en la WVD y por lo tanto disminuyen las ventajas de usar la señal analítica.

En la **TABLA III** se exhiben algunas Distribuciones, sus kernels correspondientes y las propiedades de la TABLA II que satisfacen:

TABLA III

Distribución	Kernel	P1	P2	P3	P4	P5	P6	P7	P8	P9	P10
Wigner (WD)	1	X	X	X	X	X	X	X		X	X
Rihaczec	$exp(\,j\vartheta\tau/2\,)$	X	X		X	X				X	X
Re-Rihaczec	$cos(\,\vartheta\tau/2\,)$	X	X	X	X	X	X	X		X	X
Choi-Williams(CW)	$exp(-\vartheta^2\tau^2/\sigma)$	X	X	X	X	X	X	X			
Espectrograma(STFT)	$A_w(\vartheta,\tau)\,con\,w(t)$ ventana	X	X	X	X				X		
Born-Jordan	$sen(\vartheta\tau/2)/(\vartheta\tau/2)$	X	X	X	X	X	X	X		X	X
WCW	$exp(-\upsilon^2/\sigma)*W(\upsilon)\big|_{\upsilon=\vartheta\tau}$	X	X	X	X	X	X	X		X	X
Cono(ZAM)	$g(\tau)\lvert\tau\rvert(sen(a\vartheta\tau)/a\vartheta\tau)$	X	X	X	X					X	X

5.4. REPRESENTACION TIEMPO – FRECUENCIA DEPENDIENTE DE LA SEÑAL

Las representaciones vistas trabajan con un kernel fijo y prestan especial atención al mantenimiento de las propiedades de la Distribución de Wigner-Ville.

Los kernels dependientes de la señal, tienen por objetivo optimizar el pasaje de las autocomponentes y suprimir los términos cruzados para señales particulares.

Es práctica común relajar los requerimientos del kernel con el fin de ganar flexibilidad en la ubicación de las regiones de atenuación donde se encuentran los términos cruzados, manteniendo baja atenuación en las regiones de los autotérminos. Podemos llamarlos kernel dependiente de la señal en el sentido que se diseñan para una señal específica o tipo de señal. Sin embargo se tienen que tomar cuidados especiales ya que para alcanzar ese objetivo pueden verse comprometidas propiedades básicas de la Transformación.

Cuando se tiene un kernel fijo, éste actúa sobre la función de ambigüedad como un filtro pero tiene limitaciones en cumplir su cometido debido a que la localización de los autotérminos y de los cruzados dependen de la señal a ser analizada. De aquí que se espera que pueda conseguirse una buena performance usando un kernel especialmente diseñado para una determinada clase de señales.

Para lograr la distribución tiempo- frecuencia bilineal para una señal dato que provea en algún sentido la "mejor" representación tiempo-frecuencia, Baraniuk y Jones formularon un procedimiento para el diseño del kernel dependiente de la señal como un problema de optimización.

5.4.1. Método del Kernel Óptimo (OK) 1/0

Dada una señal y su **AF,** el kernel óptimo 1/0 se define como una función ϕ_{opt} real y no negativa que resuelve el siguiente problema de optimización:

$$\max_{\phi} \iint |AF(\vartheta,\tau)\Phi(\vartheta,\tau)|^2 \, d\vartheta \, d\tau \tag{14}$$

sujeto a las condiciones:

1) $\Phi(0,0) = 1$

2) $\Phi(\vartheta,\tau)$ radialmente no creciente

lo cual puede ser expresado explícitamente como que debe cumplir:

$$\Phi(\gamma_1,\psi) \geq \Phi(\gamma_2,\psi) \qquad \forall \, \gamma_1 \leq \gamma_2, \quad \forall \psi$$

donde γ y ψ corresponden a las coordenadas polares radio y ángulo respectivamente.

Las restricciones de $\Phi(\vartheta,\tau)$ obligan al kernel óptimo a ser un filtro pasa-bajo de volumen fijo α. La maximización de la medición de performance hace que la banda pasante del kernel se encuentre sobre las autocomponentes.

Fijando el volumen bajo el kernel óptimo, el parámetro α controla la situación de compromiso entre la supresión de los términos cruzados y el derrame de las autocomponentes. Cotas razonables son $1 \leq \alpha \leq 5$

Para la cota inferior, el kernel óptimo tiene el mismo volumen que un kernel para el STFT espectrograma y a medida que α aumenta, la Distribución de kernel óptimo converge a la WVD.

Es posible agregar restricciones para que el kernel elegido permita que se satisfagan algunas propiedades que figuran en la TABLA I tales como que se cumplan las condiciones marginales tanto en tiempo como en frecuencia, si bien a costa de perder calidad en la optimización.

5.4.2. Método del Kernel Radial Gaussiano

Aunque el kernel 1/0 es óptimo de acuerdo al criterio fijado, su corte abrupto puede introducir oscilaciones en la Distribución OK, especialmente para pequeños valores del parámetro α.

Como alternativa se puede agregar restricciones de suavizado explícito a las fórmulas de optimización (12) tales como que el kernel está obligado a ser Gaussiano radialmente:

$$\Phi(\vartheta, \tau) = \exp\left\{ -\frac{\vartheta^2 + \tau^2}{2\sigma^2(\psi)} \right\} \tag{15}$$

El término $\sigma(\psi)$ representa la dependencia de la apertura Gaussiana con el ángulo radial $\psi = \arctan(\tau / \vartheta)$.

El kernel de la forma (15) es acotado, radialmente no creciente, y además, suave si σ lo es. Como la forma del kernel radial Gaussiano está completamente parametrizado por esta función, basta encontrar la función óptima σ_{opt} de la señal para determinar el kernel buscado.

5.5. FORMULACIONES ADAPTIVAS

Si bien las Distribuciones OK 1/0 y Radial Gaussiana tienen generalmente buena performance, diseñan un solo kernel para toda la señal.

Para analizar señales con características cambiantes en el tiempo o para trabajo en tiempo real con señales de larga duración, se necesita un TFD dependiente de la señal adaptivo.

La adaptación del kernel a las características locales de la señal requiere que el proceso de optimización se adecue a esta situación.

En el dominio de la función de ambigüedad esta situación no es inmediatamente admitida ya que la determinación de la **AF** incluye información sobre todo el tiempo y toda la frecuencia de la señal.

Esta dificultad puede ser superada por el desarrollo de una **AF** a tiempo corto, lo cual permite la aplicación a posteriori del procedimiento de optimización de determinación del kernel radial Gaussiano $\Phi_{opt}(\vartheta, \tau, t_0)$ y un slice $C_{opt}(t_0, f)$ de Distribución en frecuencia de kernel óptimo en t_0.

En particular, la Distribución kernel cono adaptivo se ha popularizado debido a su habilidad en resolver componentes transitorias de la señal o cambios abruptos en sus características. Esta capacidad se apoya en una propiedad deseable para todas las representaciones tiempo-frecuencia que es el de anularse fuera del soporte en el tiempo de la señal y que la función cono la satisface plenamente.

El kernel cono es a menudo parametrizado por un solo valor, la longitud del cono, que controla fuertemente el comportamiento de la RTF resultante. Conos cortos permiten a la RTF exhibir los rápidos cambios en las características de los transitorios de la señal, mientras un cono largo suministra alta resolución en las componentes de la señal de larga duración.

Trabajos recientes han permitido desarrollar una técnica que selecciona adaptivamente la longitud del cono en los distintos instantes de tiempo, la cual es elegida por un criterio de optimización similar al usado en (14) que maximiza la energía y permite seleccionar las distintas longitudes del cono mediante un algoritmo rápido que computa recursivamente una función de ambigüedad a tiempo corto con longitudes variables.

La *Figura 5.8* esquematiza el diagrama de flujo

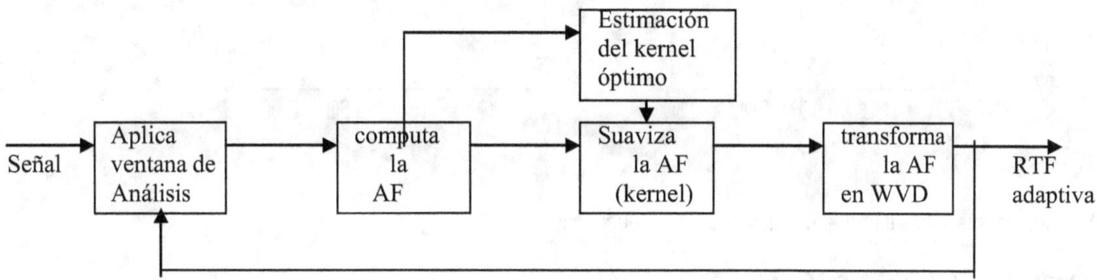

Figura 5.8   Diagrama de Flujo

5.6. INFLUENCIA DEL RUIDO

El comportamiento de la WVD frente al ruido es malo. La WVD expande el ruido sobre todo el plano tiempo-frecuencia, además de producirse términos cruzados entre los autotérminos y los términos ruidosos y éstos entre sí.

La Distribución de Choi-Williams tiene una mejor respuesta frente al ruido.

En la *Figura 5.9* se observa una mayor cantidad de términos interferentes para el chirp lineal contaminado con ruido Gaussiano (SNR = 10.9 dB) en la representación de Wigner – Ville en comparación al de la misma señal con una representación de Choi – Williams.

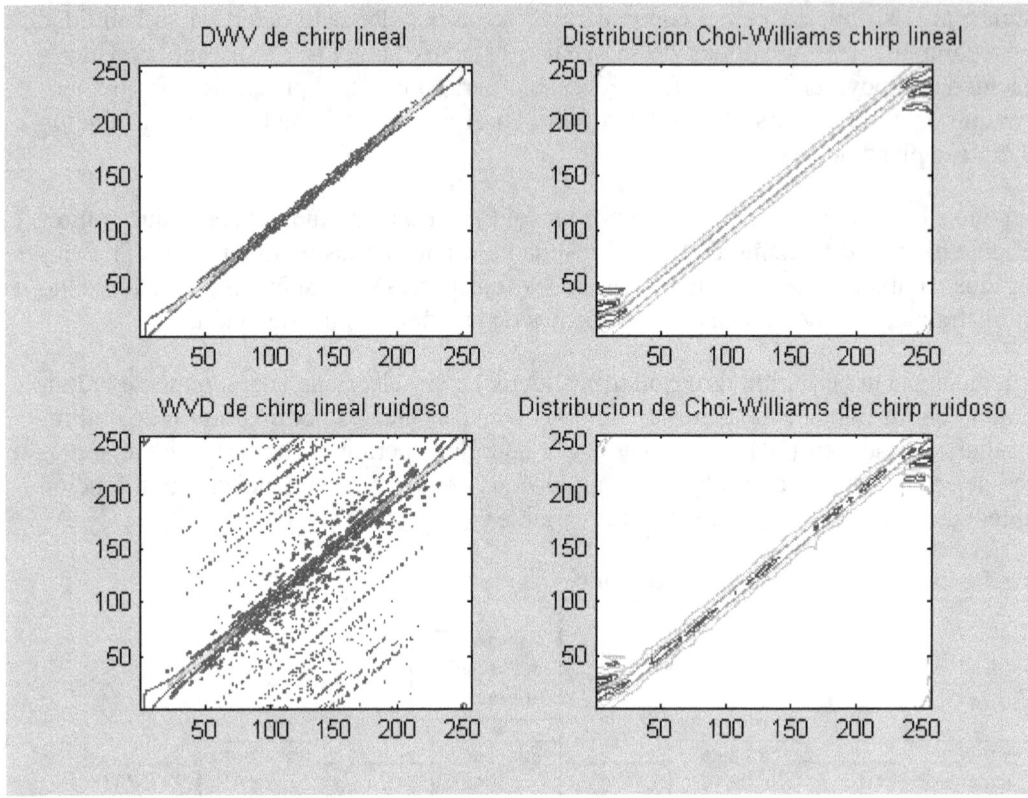

Figura 5.9:   Representaciones tiempo-frecuencia del chirp lineal ruidoso

5.7. FORMULACIÓN DISCRETA

Las Distribuciones Tiempo-Frecuencia se presentan en la forma continua para los desarrollos teóricos y discusión de sus propiedades. Sin embargo, es necesario contar con su forma discreta para poder implementarlas en computadoras.

Claasen y Mecklenbräuker desarrollaron la expresión correspondiente a la WVD:

$$WVD_x = 2 \sum_{k=-\infty}^{\infty} exp(-j2\omega k)x(n+k)\overline{x}(n-k)$$

cuyos problemas de posible aliasing fueron mencionados en 4.6

Aparte de este inconveniente, la forma discreta de la WVD goza de muchas de las propiedades de su versión continua y también similares limitaciones.

Sin embargo, en general suelen surgir dificultades cuando se intenta convertir directamente formas continuas de RTF a la forma discreta, razón por la cual se prefiere a menudo obtener las formas discretas a partir de sus principios básicos en lugar de por aproximaciones de la forma continua.

Los requerimientos para las formas discretas del RID son similares a los de la WVD discreta. Éste puede ser expresado por:

$$RID_x(n,\omega) = \sum_{m=-\infty}^{\infty} R_x(n,m) *_n \phi(n,m) exp(-j\omega n)$$

donde

$$\Phi(m,\omega) = \sum_{n=-\infty}^{\infty} \phi(n,m) exp(-j\omega n)$$

es el kernel RID discreto.

El $RID_x(n,\omega)$ puede por lo tanto ser obtenido calculando la autocorrelación local $R_x(n,m)$, convolucionándolo respecto a n con $\phi(n,m)$ y haciendo la DTFT del resultado respecto a m.

Trabajando directamente de forma discreta, se han generado otras transformaciones RID interesantes como la **Distribución Binomial** que utiliza un kernel del tipo:

$$\phi(n,m) = \frac{1}{2^n} \binom{m}{k} \delta(n-m+k)$$

que satisface en equivalente discreto el requerimiento de soporte en el tiempo:

$$\phi(n,m) = 0 \quad si \quad |m| < 2|n|$$

con DTFT:

$$\Phi(\vartheta,m) = \frac{1}{2^m} (e^{j\pi\vartheta} + e^{-j\pi\vartheta}) = cos^{|m|}(\pi\vartheta)$$

Se muestra que este kernel posee muchas de las propiedades deseadas para un RID, con resultados similares a la de la Distribución Choi-Williams, pero con la diferencia de haber sido totalmente diseñado en tiempo discreto, no es por lo tanto una aproximación de una forma continua y puede ser computado en forma eficiente.

6

SERIE DISTRIBUCIÓN TIEMPO – FRECUENCIA

La mayor deficiencia de la Distribución de Wigner – Ville estriba en la existencia de los términos interferentes. Éstos son altamente oscilantes y están ubicados entre los autotérminos.

Por otro lado las propiedades marginales y la frecuencia instantánea son obtenidas por promediado de la WVD.

Esta observación sugiere que si la WVD puede ser descompuesta en la suma pesada de funciones armónicas dos dimensionales localizadas en tiempo y frecuencia del tipo de la expansión de Gabor, luego se podrían usar los términos armónicos de bajo orden para el espectro dependiente del tiempo con interferencia reducida.

En efecto, los términos armónicos de alto orden que introducen fuerte oscilación tienen relativamente bajo valor medio y por lo tanto tienen muy poca influencia en las propiedades útiles, las cuales están principalmente determinadas por unos pocos términos armónicas de bajo orden.

6.1 DESCOMPOSICIÓN DE LA DISTRIBUCIÓN WIGNER - VILLE

La manera más simple de descomponer la WVD como la suma de funciones armónicas localizadas 2D es aplicar la expansión de Gabor 2D:

$$WVD_x(t,\omega) = \sum_{i,k,p,q} D_{i,k,p,q} G_{i,k,p,q}(t,\omega) \tag{1}$$

donde $G_{i,k,p,q}(t,\omega)$ corresponde a la WVD cruzada de dos funciones Gaussianas.

$$G_{i,k,p,q}(t,\omega) = \exp\left[-\alpha(t-iT)^2 - \frac{1}{\alpha}(\omega-k\Omega)^2\right]\exp(j(pT\omega + q\Omega t - k\Omega pT) \tag{2}$$

Cuando las funciones Gaussianas tienen el mismo centro $(mT, n\Omega)$ de la forma:

$$g_{i,k}(t) = \exp(-\alpha(t-iT)^2 + jk\Omega t)$$

la expresión (2) pasa a ser:

$$G_{i,k,p,q}(t,\omega) = 2\exp\left[-\alpha(t-iT)^2 - \frac{1}{\alpha}(\omega-k\Omega)^2\right] \qquad (3)$$

que es la función de densidad de energía conjunta de la señal Gaussiana. La función (3) es real pero el caso general (2) no lo es.

La función definida en (2) es una WVD óptimamente concentrada y vinculada a la distribución de la energía de la señal, por la que se la puede considerar un **átomo de energía.**

Los pesos de cada término son los coeficientes Gabor 2D, $D_{i,k,p,q}$; T y Ω son los escalones de tiempo y frecuencia mientras que p, q reflejan la tasa de oscilación de los átomos de energía en los dominios del tiempo y la frecuencia respectivamente.

Se prueba que la contribución de cada término a la densidad de energía total es inversamente proporcional a su tasa de oscilación.

En efecto, de las propiedades marginales de la WVD:

$$\frac{1}{2\pi}\int WVD_x(t,\omega)\,d\omega = |x(t)|^2$$

Luego:

$$|x(t)|^2 = \frac{1}{2\pi}\int \sum_{i,k,p,q} D_{i,k,p,q}G_{i,k,p,q}(t,\omega)\,d\omega = \sum_p A_p \sum_{i,k,q} D_{i,k,p,q}\, \boldsymbol{exp[}-\alpha \;\; (t-iT)^2 + j(q\Omega t + k\Omega pT)$$

con

$$A_p = \sqrt{\frac{\alpha\pi}{4}}\,\exp\left[-\frac{\alpha}{4}(pT)^2\right]$$

inversamente proporcional a $(pT)^2$.

La contribución de cada átomo de energía decae exponencialmente a medida que p aumenta., o sea menor es su influencia a medida que aumenta la oscilación.

Para la implementación de la expansión 2D de Gabor de la WVD es necesario determinar los coeficientes $D_{i,k,p,q}$. El camino lógico para hacerlo es mediante la aplicación del producto interno con las funciones duales $H(t,\omega)$ de la función Gaussiana $G(t,\omega)$:

$$D_{i,k,p,q} = < WVD_x(t,\omega), H_{i,k,p,q}(t,\omega) >$$

Hay dos problemas que se presentan:

a) No es en general trivial computar las funciones duales $H(t,\omega)$ para las funciones elementales de Gabor 2D y escalones de muestreo T y Ω

b) La fórmula de los coeficientes corresponde a un producto interno 2D que es computacionalmente pesado con el agregado que necesita conocer la WVD en todo el desarrollo del tiempo.

Estos inconvenientes han limitado fuertemente esta expansión de Gabor 2D en su aplicación a casos concretos donde la carga computacional es muy importante.

6.2. SERIE DISTRIBUCIÓN TIEMPO – FRECUENCIA

Es posible aplicar la expansión de Gabor 2D a la WVD mediante otro mecanismo:

Sea la señal $x(t)$. Realizando la expansión de Gabor 1D:

$$x(t) = \sum_{m=-\infty}^{\infty} \sum_{n=-\infty}^{\infty} C_{m,n} g_{m,n}(t) \tag{4}$$

con

$$g_{m,n}(t) = \left(\frac{\alpha}{\pi}\right)^{1/4} \exp\left[-\frac{\alpha}{2}(t-mT)^2 + jn\Omega t\right]$$

donde los coeficientes de Gabor están determinados por:

$$C_{m,n} = \int x(t).\overline{h}(t-mT)\exp(-jn\Omega t)dt = STFT(mT, n\Omega)$$

con $h_{opt}(t)$ función dual que opera como ventana, cuya forma es óptimamente próxima a la función elemental Gaussiana $g(t)$. Este tipo de expansión asegura que los coeficientes de Gabor $C_{m,n}$ reflejan efectivamente el comportamiento de la señal en la vecindad:

$$[mT - \Delta_t, \quad mT + \Delta_t] \times [m\Omega - \Delta_\omega, \quad m\Omega + \Delta_\omega]$$

Tomando la WVD de (4):

$$WVD_x(t,\omega) = \sum_{m,n} \sum_{m',n'} C_{m,n} \overline{C}_{m',n'} WVD_{g,g'}(t,\omega) \tag{5}$$

con

$$WVD_{g,g'}(t,\omega) = 2\,exp\left[-\alpha\left(t-\frac{m+m'}{2}T\right)^2 - \frac{1}{\alpha}\left(\omega - \frac{n+n'}{2}\Omega\right)^2\right]$$

$$exp\left[-j\frac{n+n'}{2}\Omega(m-m')T\right] exp(\,j((m-m')T\omega + (n-n')\Omega t\,)) \tag{6}$$

Haciendo:

$$\frac{m+m'}{2} = i \quad ; \quad \frac{n+n'}{2} = k \quad ; \quad m-m'= p \quad ; \quad n-n'= q$$

resulta que la $WVD_{g,g'}(t,\omega)$ tiene la misma forma que $G(t,\omega)$ en la expresión (1). En este caso las frecuencias armónicas pT y $q\Omega$ están determinadas por la distancia entre $g_{m,n}(t)$ y $g_{m'n'}(t)$; mientras más alejadas ellas están, más alto es el contenido de frecuencias armónicas en la $WVD_{g,g'}(t,\omega)$.

La $WVD_{g,g'}(t,\omega)$ es concentrada, simétrica y oscilante (*Figura 6.1*) con energía inversamente proporcional a su tasa de oscilación.

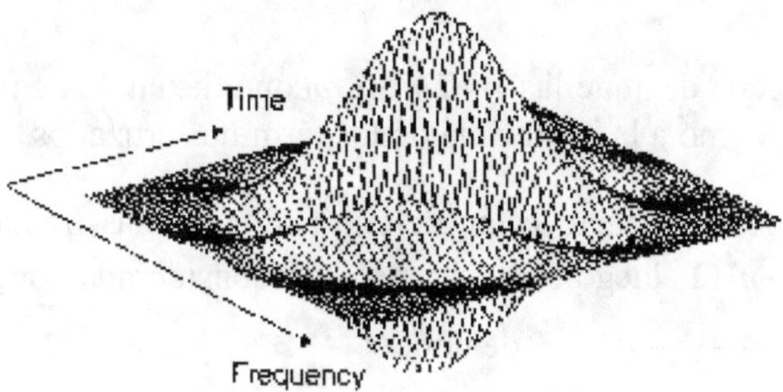

Figura 6.1

La expresión (5) no es exactamente igual a la expresión (1) ya que aquí los subíndices *i, k, p, q* no son independientes. Lo importante es que puede ser directamente computado por una expansión de Gabor 1D con lo que la carga computacional disminuye sensiblemente, además de ser apta para la implementación discreta.

En la *Figura 6.2* se ilustra la localización de $WVD_{g,g'}(t,\omega)$ donde cada elipse es la superposición de un cierto número de Distribuciones de Wigner Ville cruzadas $WVD_{g,g'}(t,\omega)$, por ejemplo todas las $g_{m,n}(t)$ y $g_{m',n}(t)$ en las cuales $m_o=(m+m')/2$; $n_o=(n+n')/2$ crean la $WVD_{g,g'}(t,\omega)$ que está centrada en $(m_oT, n_o\Omega)$.

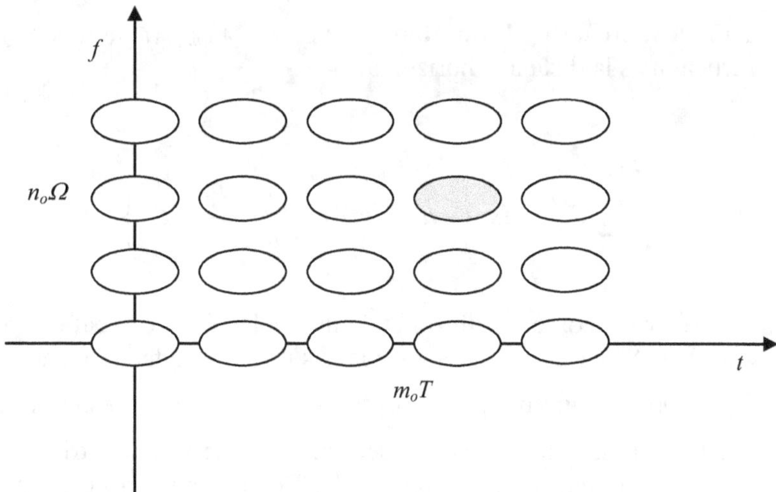

Figura 6.2.   Cada elipse representa una molécula de energía.

Si la *WVD* es considerada como la distribución de energía de la señal en el dominio conjunto tiempo- frecuencia, luego la *Figura 6.2* expresa que ésta puede ser descompuesta en un cierto número de "moléculas" (elipses) las cuales son concentradas y simétricas siendo cada una de las mismas la superposición de un número de átomos. Las tasas de oscilación de cada átomo es diferente pero todos tienen la misma envolvente Gaussiana 2D.

Basada en la descomposición de la *WVD* se define la **Serie de distribución tiempo – frecuencia TFDS** también llamado **Espectrograma de Gabor** ($GS_D(t, \omega)$)

$$TFDS_D(t,\omega) = \sum_{d=0}^{D} P_d(t,\omega) \tag{7}$$

donde $P_d(t,\omega)$ es la suma pesada de aquellas $WVD_{g,g'}(t,\omega)$ que tienen una contribución similar tanto a las propiedades útiles como a la influencia de los términos cruzados.

Debido a que en ambos casos el impacto están determinados por las frecuencias armónicas $|p|T = |m - m'|T$ y $|q|\Omega = |n - n'|\Omega$, luego $P_d(t,\omega)$ puede ser considerada como un conjunto de $WVD_{g,g'}(t,\omega)$ en la cual $|m - m'| + |n - n'| = d$ de donde:

$$P_d(t,\omega) = \sum_{|m-m'|+|n-n'|=d} C_{m,n} \overline{C}_{m',n'} WVD_{g,g'}(t,\omega) \tag{8}$$

sustituyendo (5) en (8):

$$P_d(t,\omega) = 2 \sum_{|m-m'|+|n-n'|=d} C_{m,n} C_{m',n'} \, \boldsymbol{exp}\left\{-j\frac{n+n'}{2}\Omega(m-m')T\right\} \boldsymbol{exp}\left\{-\alpha\left(t-\frac{m+m'}{2}T\right)^2 - \frac{1}{\alpha}\left(\omega-\frac{n+n'}{2}\Omega\right)^2\right\}$$
$$\boldsymbol{exp}\{\,j((m-m')T\omega + (n-n')\Omega t\,)\}$$

Así como d refleja la tasa de oscilación de la $WVD_{g,g'}(t,\omega)$, D en (7) indica el orden de la serie de distribución tiempo- frecuencia.

El parámetro d corresponde a la **distancia de Manhattan** entre $g_{m,n}(t)$ y $g_{m',n'}(t)$ definida como la suma de la distancia vertical más la distancia horizontal.

En particular:

$$TFDS_0(t,\omega) = P_0(t,\omega) = 2\sum_{m,n} \left|C_{m,n}\right|^2 \exp\left\{-\alpha(t-mT)^2 - \frac{1}{\alpha}(\omega - n\Omega)^2\right\}$$

la cual es no negativa, y puede ser vista como un filtro 2D de interpolación. Los coeficientes de Gabor $C_{m,n}$ son las muestras de la STFT con función de análisis $h(t)$, por lo tanto la entrada al filtro de interpolación $\left|C_{m,n}\right|^2$ son las muestras del espectrograma *STFT* y la respuesta al impulso del filtro es una función Gaussiana 2D. En consecuencia, la serie de distribución tiempo-frecuencia de orden cero es similar al espectrograma *STFT* con función de análisis $h(t)$. A medida que D crece, la resolución mejora. La mejor elección es normalmente tomar D entre 3 y 4. Cuando D aumenta, el $TFDS_\infty(t,\omega)$ converge a la Distribución Wigner–Ville

Ajustando adecuadamente el orden D se puede balancear efectivamente la interferencia de los términos cruzados, las propiedades útiles y la resolución.

En principio, es posible descomponer por la vía de la expansión de Gabor otras representaciones como por ejemplo, la Distribución de Choi – Williams. Sin embargo se ha encontrado que la descomposición basada en la Distribución de Wigner-Ville tiene una más alta performance como consecuencia que sus átomos de energía $WVD_{g,g}(t,\omega)$, están óptimamente concentrados en tiempo y frecuencia. Además ellos tienen una forma cerrada y en consecuencia pueden ser calculados y almacenados en una tabla para su uso posterior, lo que permite una disminución sustancial del tiempo computacional.

Tradicionalmente los términos cruzados fueron siempre considerados no deseados y perjudiciales a la hora de efectuar el análisis de la señal por lo que tenían que ser eliminados. Sin embargo no es siempre así sino que la importancia de cada $WVD_{g,g}(t,\omega)$ depende de la distancia Manhattan entre los autotérminos $g_{m,n}(t)$ y $g_{m',n'}(t,\omega)$.

Cuando los $WVD_{g,g}(t,\omega)$ corresponden a un par $g_{m,n}(t)$ y $g_{m',n'}(t,\omega)$ que están próximos, ellos juegan un rol importante en las propiedades útiles y por lo tanto no deben ser eliminados aunque se trata de términos cruzados.

Diferentes descomposiciones de la señal conducen a distintos términos cruzados, luego éstos no son únicos. El concepto de términos cruzados es en realidad ambiguo entendiéndose por tales los términos armónicos de alto orden que deben ser eliminados en las distintas representaciones tiempo-frecuencia.

6.3. EVALUACIÓN DE LAS DISTINTAS REPRESENTACIONES

Para evaluar las distintas representaciones tiempo- frecuencia es de uso común el considerar el ancho de banda instantáneo, definido por:

$$\Delta_t^{\,2} = \Delta_\omega^{\,2}(t) = \frac{\int (\omega - <\omega>_t)^2\, P(t,\omega)d\omega}{\int P(t,\omega)d\omega}$$

con

$$<\omega>_t = \frac{\int \omega\, P(t,\omega)d\omega}{\int P(t,\omega)d\omega} \quad \text{frecuencia media condicional.}$$

El ancho de banda instantáneo da una indicación de cómo de expande la energía de la señal con respecto a la frecuencia media condicional.

Un buen espectro dependiente del tiempo $P(t,\omega)$ satisface que su frecuencia media condicional es igual a la frecuencia media instantánea de la señal que se corresponde con la primera derivada de su fase.

Para una señal

$$x(t) = A(t)\,exp(\,j\varphi(t)\,), \quad \varphi(t)$$

representa la frecuencia instantánea.

En el caso de la WVD se cumple:

$$<\omega>_{t}=\frac{\int \omega\, WVD_{x}(t,\omega)d\omega}{\int WVD_{x}(t,\omega)d\omega}=\frac{1}{2\pi\|x(t)\|^{2}}\int \omega\, WVD_{x}(t,\omega)d\omega=\varphi'(t)$$

propiedad ésta no satisfecha ni por el espectrograma STFT ni el escalograma, aunque cuando se aplica una ventana angosta en el espectrograma STFT la frecuencia media condicional es muy próxima a la primera derivada de la fase de la señal.

El ancho de banda instantáneo debe ser lo más pequeño posible.

En la *Figura 6.3* se grafica el chirp lineal con frecuencias normalizadas entre 0 y 0.5, mientras en la *Figura 6.4* aparece su espectrograma STFR y la Distribución de Wigner- Ville correspondiente.

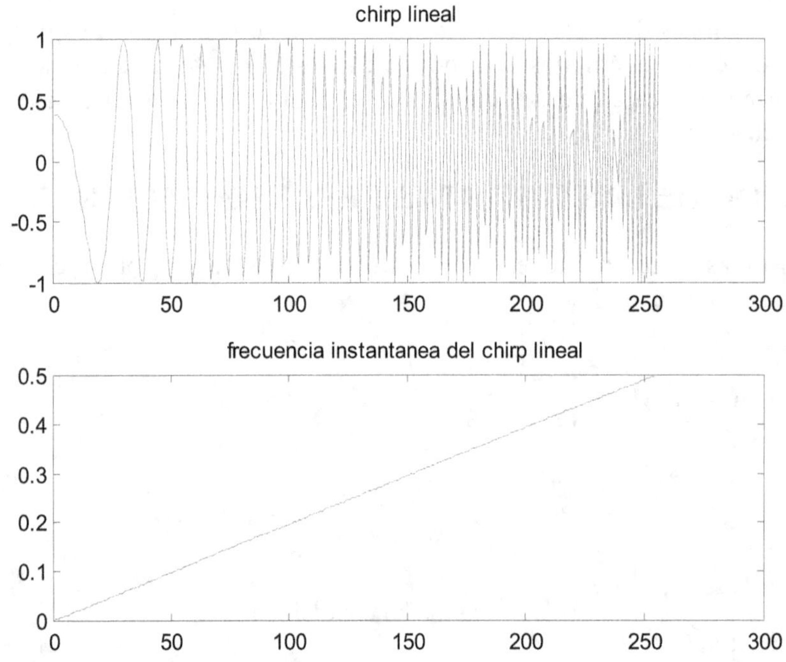

Figura 6.3:   CHIRP LINEAL y la representación de su frecuencia instantánea.

Se observa que si bien en ambos casos se refleja la evolución de la frecuencia en el tiempo, la precisión de la WV D es mucho mayor que el del espectrograma. Ello es debido a que el ancho de banda instantáneo de la WVD es mucho menor que la del espectrograma STFT

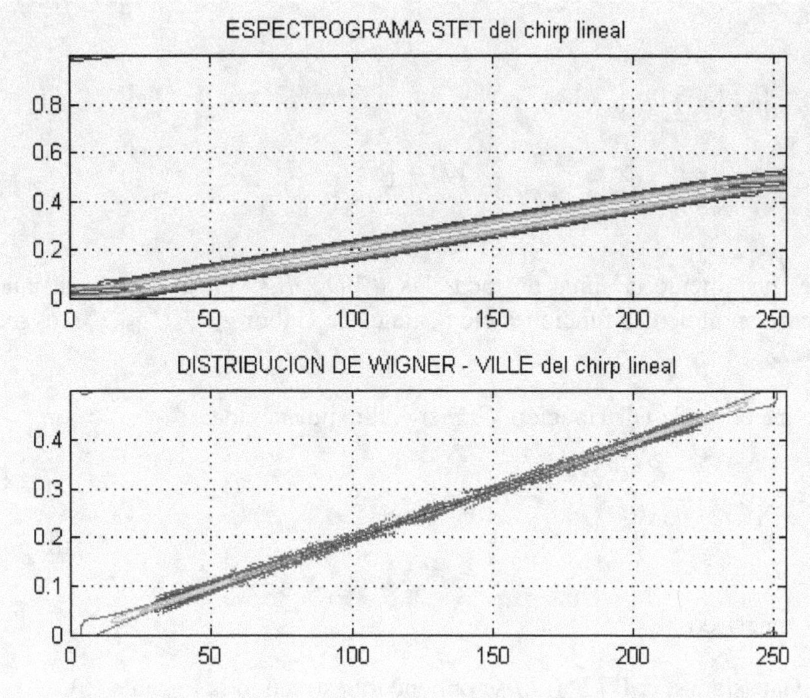

Figura 6.4: ESPECTROGRAMA STFT y WVD del chirp lineal

6.4. SERIE DE DISTRIBUCIÓN TIEMPO-FRECUENCIA DISCRETA

Hemos visto la Serie de Distribución tiempo-frecuencia para señales continuas donde se ha mostrado que tomando la TFDS de bajo orden no sólo reduce significativamente las oscilaciones no deseadas sino que también tiene una forma cerrada para señales arbitrarias $x(t)$. Lo único que se necesita computar son los coeficientes de Gabor $C_{m,n}$ lo cual se realiza con la Tranformada de Fourier a Tiempo Corto.

Debido a estas buenas propiedades, la versión discreta de la serie de distribución tiempo-frecuencia puede ser obtenida directamente por muestreo de su contraparte a tiempo continuo.

Así para una señal $x(t)$ a banda limitada, la serie de distribución tiempo-frecuencia discreta viene dada por:

$$DTFDS_D(i,k) = TFDS_D(t,\omega)\Big|_{t=i\,\Delta t,\,\omega=\frac{2\pi k}{L\,\Delta t}} \quad para \quad -\frac{L}{2} \leq k < \frac{L}{2}$$

donde $1/\Delta t$ denota la frecuencia de muestreo, L el número total de bins de frecuencia.

Debido a que la *DTFDS* es sólo la versión muestreada de la *TFDS*, automáticamente hereda, al menos con buena aproximación, las propiedades de las que goza esta última, no existiendo el problema de aliasing presente en la *WVD*.

En resumen resulta:

$$DTRDS_D[i,k] = \sum_{d=0}^{D} P_d[i,k]$$

$$con \quad P_d[i,k] = \sum_{|m-m'|+|n-n'|=d} C_{m,n}\,\overline{C}_{m',n'}\,WVD_{g,g'}[i,k]$$

La $DTRDS_D[i,k]$ es justamente la suma de todas las $WVD_{g,g'}[i,k]$ en la cual la distancia de Manhattan de las correspondientes funciones elementales de Gabor $g_{m,n}[i]$, $g_{m',n'}[i]$ es menor o a lo sumo igual que D.

La $WVD[i,k]$ se define como la Distribución Wigner-Ville muestreada:

$$WVD_x[i,k] = WVD_x(t,\omega)\Big|_{t=i\,\Delta t,\,\omega=\frac{2\pi k}{L\Delta t}}$$

con Δt intervalo de muestreo.

Para las funciones Gaussianas, la $WVD[i,k]$ se obtiene muestreando la fórmula (6):

$$WVD_{g,g'}[i,k] = 2\exp\left\{-\alpha\left(i - \frac{m+m'}{2}\Delta M\right)^2 - \frac{1}{\alpha}\left(k - \frac{n+n'}{2}\Delta N\right)^2\right\}.$$

$$.\exp\left\{j\frac{2\pi}{L}\left[(m-m')\Delta M\;k + (n-n')\Delta N\;i - \frac{n+n'}{2}\Delta N(m-m')\Delta M\right]\right\}$$

donde se ha supuesto $\Delta t = 1$.

Notar que la $WVD_{g,g'}[i,k]$ queda completamente determinada por los parámetros de la expansión de Gabor tales como ΔM, ΔN, L, y α los que son independientes de la señal a analizar. Luego una vez que se fijado estos parámetros, es posible pre-computar la $WVD_{g,g'}[i,k]$ y guardarla en un archivo con lo que reducimos el número de cálculos que tienen que hacerse cada vez.

La complejidad computacional crece con el orden D. En las aplicaciones usuales D es raramente mayor que cuatro, ya que con $D > 4$ los términos no deseados se hacen más evidentes.

6.5. SELECCIÓN DE LAS FUNCIONES DUALES $g[i]$, $h[i]$

En principio la convergencia de la Serie de Distribución tiempo-frecuencia es independiente de la selección de las funciones elementales de Gabor $g[i]$ y de su dual $h[i]$.

A medida que el orden D tiende a infinito, la TFDS converge a la WVD, sin importar cómo se eligen $g[i]$ y $h[i]$.

Sin embargo, para evitar los términos interferentes, se tiende a mantener el orden de la TFDS tan bajo como sea posible.

Esto implica que el término de orden cero debe ser próximo al verdadero espectro dependiente del tiempo de la señal., con lo cual se logra que, mediante la adición de unos pocos términos se puedan obtener buenos resultados.

Para ello es necesario:

- que la función de análisis $h[i]$, sea bien localizada en tiempo y frecuencia

- que $g[i]$ y $h[i]$ tengan centros y resoluciones en el tiempo y frecuencia similares.

Estas condiciones son las mismas que fueron consideradas para la expansión de Gabor.

6.6 SEÑALES ALEATORIAS

Si bien nos hemos referido exclusivamente a señales determinísticas, un grupo numeroso e importante de aplicaciones requiere que las señales sean modeladas como procesos estocásticos.

Para señales aleatorias estacionarias se define la densidad espectral de potencia:

$$S_x(f) = \int R_x(\tau)\,exp(-j2\pi f\tau)\,d\tau$$

$$con \quad R_x(\tau) = E\{x(t+\tau)\overline{x(t)}\}$$

Debido a la estacionalidad, la densidad espectral de potencia no cambia con el tiempo.

Cuando el proceso bajo análisis es no estacionario, sus propiedades espectrales cambian con el tiempo por lo que se necesita un espectro que refleje esta situación. Se obtiene entonces una representación tiempo-frecuencia de las estadísticas de segundo orden del proceso.

Una primera aproximación a la que llamaremos Espectro Wigner-Ville generalizado:

$$\overline{W}_x^{\alpha}(t,f) = \int R_x^{\alpha}(t,\tau)\,exp(-j2\pi f\tau)\,d\tau$$

$$con \quad R_x^{\alpha}(t,\tau) = R_x\left(t+\left(\frac{1}{2}-\alpha\right)\tau, t-\left(\frac{1}{2}+\alpha\right)\tau\right)$$

siendo: $R_x(t,t') = E\{x(t)\overline{x(t')}\}$; $\alpha \in \mathbb{R}$ en principio arbitrario.

Casos especiales son:

con

$\alpha = 0$ *Espectro de Wigner-Ville*

$\alpha = \frac{1}{2}$ *Espectro de Rihaczek*

con propiedades análogas a las RTF para señales determinísticas

6.7. DISTRIBUCIONES AFINES

La Clase de Cohen reúne en una formulación única todas las distribuciones bilineales covariantes en tiempo y frecuencia, ofreciendo una amplia variedad de herramientas para el análisis de las señales no estacionarias.

La más destacada de esta Clase es sin dudas la Distribución de Wigner–Ville, la cual, si bien presenta el mejor conjunto de propiedades útiles, tiene el problema de la aparición de los términos interferentes que pueden obscurecer características importantes de la señal.

Las otras distribuciones analizadas parten del la premisa de tratar de eliminar los términos cruzados intentando mantener la mayor cantidad posible de las propiedades de la WVD. Existen distribuciones de energía tiempo- frecuencia que no pertenecen a la Clases de Cohen ya que no son covariantes por corrimientos en tiempo y en frecuencia como es el caso de las Distribuciones Afines (A) basadas en la propiedad de covariancia por corrimientos en tiempo y dilatación (escala).

Comprende todas las RTF cuadráticas, que preservan el escalamiento en el tiempo (duplicando la escala de tiempo de la señal, también se duplica la escala de tiempo de la representación tiempo-frecuencia, mientras divide por dos la escala de frecuencia) y preserva los corrimientos en el tiempo:

$$x_1(t) = \frac{1}{\sqrt{a'}}\, x\!\left(\frac{t-t_o}{a'}\right) \Rightarrow T_{x_1}(t,a) = T_x\!\left(\frac{t-t_o}{a'}, \frac{a}{a'}\right)$$

Los miembros de esta clase pueden derivarse a partir de la WVD por medio de una transformación afín.

$$T_x(t,a,\Pi) = \int\limits_{-\infty}^{\infty}\int\limits_{-\infty}^{\infty} \Pi\!\left(\frac{s-t}{a}, a\eta\right) WVD_x(s,\eta)\, ds\, d\eta$$

donde $\Pi(s,\eta)$ es un kernel 2-dimensional que depende del tiempo y la frecuencia pero no de la señal.

Se muestra que tanto la Distribución de Wigner-Ville como la de Choi –Williams también son miembros de esta Clase.

Entre los miembros de la Clase Afín que no pertenecen a la Clase de Cohen figuran el escalograma, la distribución de Flandrin y la de Bertrand y Bertrand.

Conceptualmente, estas representaciones son similares al análisis Q-Constante de la Transformada Ondita pero en el marco de la energía de la señal.

6.8. OTRAS REPRESENTACIONES

Mientras que distribuciones tiempo-frecuencia y tiempo-escala son las herramientas naturales para el análisis y procesado de una gran cantidad de señales, no son en todos los casos las más aptas, teniendo en cuenta que los corrimientos en tiempo, corrimientos en frecuencia y cambios de escala no son las transformaciones fundamentales que aparecen en todas las aplicaciones.

Para estos diferentes tipos de señales, se han desarrollado distribuciones conjuntas basadas en otros conceptos distintos de tiempo, frecuencia y escala.

Usando métodos basados en la Teoría de los Operadores se trata de asociar un atributo físico *"a"* a un operador generalmente unitario o Hermitiano, en la búsqueda de transformaciones que puedan medir la dependencia con *"a"* con los contenidos de energía de la señal.

De cualquier forma, cuál es el tipo de representación a usar depende de la naturaleza particular de la señal en estudio y del objetivo perseguido con ese análisis.

7

ALGUNAS APLICACIONES

Las representaciones tiempo-frecuencia incluyendo la Transformada Ondita permiten visualizar nuevos fenómenos y en cierta medida han cambiado nuestra forma de ver a las señales. Su campo de aplicación crece día a día incursionando fuertemente en las señales biomédicas, de radar, sísmicas y todo otro proceso de características no estacionarias.

Temas relacionados con caracterización, detección y clasificación de señales no estacionarias se encuentra en una gran variedad de problemas y es en ese contexto que las RTF pasan a ser una herramienta muy importante.

El desarrollo de nuevas técnicas de procesamiento basadas en la distribución de la señal como una función conjunta del tiempo y la frecuencia es actualmente motivo de numerosas investigaciones.

7.1. EXTRACCIÓN DE INFORMACIÓN

Elegida la Transformación a usar, el problema básico reside en interpretar una imagen en el plano tiempo-frecuencia que describe la evolución en el tiempo de los contenidos de frecuencia de la señal. Aun cuando las distintas representaciones tienen el mismo objetivo, cada una de ellas tiene que ser analizada de acuerdo a las propiedades que posee.

Como observaciones elementales se destacan:

1) MOMENTOS

Los momentos de primer y segundo orden describen la posición promedio y dispersión tanto en tiempo como en frecuencia de la señal. Para algunas distribuciones, si se considera su forma analítica, el momento de primer orden en tiempo se corresponde con la frecuencia instantánea y en frecuencia con el group delay.

2) MARGINALES

Las distribuciones marginales de las representaciones tiempo-frecuencia definidas por:

$$\int_{-\infty}^{\infty} RTF(t,\omega)\,d\omega = |x(t)|^2$$

$$\int_{-\infty}^{\infty} RTF(t,\omega)\,dt = |X(\omega)|^2$$

expresan por integración respecto a una variable, la energía a lo largo de la otra variable. De aquí que la con respecto al tiempo se corresponda con la potencia instantánea de la señal y la referida a la frecuencia, con la densidad espectral de energía.

3) INFORMACIÓN SOBRE LA FASE

Los términos interferentes, aun cuando hacen más confusa la representación, contienen información de la señal en estudio. El conocimiento de la estructura y formación de los mismos, es necesaria para poderlos interpretar correctamente. En general permite inferir sobre las fases relativas de dos componentes como así también sobre las discontinuidades de fase de la señal observada.

7.2. MEDIDA DE LOS CONTENIDOS DE INFORMACIÓN

El término ¨**componente**¨ no está definido claramente en procesamiento de señales y en particular en el área de representaciones tiempo-frecuencia.

Sin embargo es posible obtener algunas medidas cuantitativas de la complejidad de señales determinísticas y de sus contenidos de información, lo cual está íntimamente vinculado a la localización y forma de sus componentes bajo la razonable suposición que señales de alta complejidad y por lo tanto de alto contenido de información deben ser construidas a partir de un gran número de componentes elementales.

Las mediciones basadas en los momentos como el producto tiempo-ancho de banda y su generalización a momentos de segundo orden tienen gran aplicación pero desgraciadamente no miden ni la complejidad ni los contenidos de información de la señal. Es fácil ver que una señal formada por dos componentes de soporte compacto puede aumentar indefinidamente su producto tiempo-ancho de banda incrementando la separación de las mismas pero la complejidad de la señal no varía.

Una aproximación basada en la entropía explota la analogía entre la densidad de energía de la señal y las densidades probabilísticas. Así como $|x(t)|^2$ y $|X(\omega)|^2$ se comportan como densidades unidimensionales en tiempo y frecuencia respectivamente de la energía de la señal, las RTF $C_x(t,f)$ puede considerarse que actúan como densidades bidimensionales de energía en el plano tiempo-frecuencia.

A partir de esta relación, puede pensarse en la clásica entropía de Shannon, la cual es una medida de la cantidad de información, que para señales de energía unitaria tiene la forma:

$$H(C_x) = -\iint C_x(t,f).log_2 \, C_x(t,f)dt \, df \qquad (1)$$

El objetivo es medir la complejidad de la señal a través de su RTF ya que es ésta y no la señal, la que se comporta como una función de densidad de probabilidades. A medida que la señal es más compleja, también lo es su RTF y mayores los valores de entropía.

Sin embargo la no positividad de la mayoría de las RTF impiden la aplicación de la entropía de Shannon. Williams, Brown y Hero propusieron el uso de la entropía de Rényi generalizada para señales de energía unitaria:

$$H_\alpha(C_x) = \frac{1}{1-\alpha} \log_2 \iint C_x^\alpha(t,f)\, dt\, df \qquad (2)$$

Estudios empíricos mostraron muy buenos resultados para $\alpha = 3$ abarcando un importante conjunto de señales aun en el caso en que la RTF tome localmente valores negativos, gozando de algunas propiedades realmente destacadas:

1) $H_3(C_x)$ "cuenta el número de componentes" de una señal

2) $H_3(C_x)$ es asintóticamente invariante a los términos cruzados de la RTF y por lo tanto no los incluye en el conteo

3) $H_3(C_x)$ es extremadamente sensible a las diferencias de fase entre componentes poco espaciadas

4) los valores de la $H_3(C_x)$ son invariantes a corrimientos tanto en tiempo como en frecuencia. Algunas RTF resultan también invariantes frente a los cambios de escala

El tema central es la aplicación de mediciones de la entropía en el plano tiempo-frecuencia para cuantificar la complejidad y contenidos de información de señales no estacionarias. El análisis que haremos tendrá fundamentalmente en cuenta las RTF de la Clase de Cohen.

Es necesario destacar que la analogía entre las RTF y las densidades de probabilidades bidimensionales no es total. Por un lado, la libertad de elegir el kernel y por lo tanto la RTF a usar lleva implícito tener distintas distribuciones para el mismo conjunto de datos. Además, la no positividad de las RTF hace que no puedan ser interpretadas estrictamente como una densidad de energía de la señal.

Si la RTF fuese "cuasi-lineal" en el sentido que cada componente contribuya separadamente a la representación tiempo-frecuencia sin intervención de los términos cruzados, la similitud entre las RTF y las funciones de densidad de probabilidades predecirían un comportamiento de conteo de la entropía Rényi. Esto es razonable ya que combinaciones sin solape de componentes de señales básicas es más complejo que las componentes individuales. A pesar de que el comportamiento no lineal de las RTF con la aparición de los términos cruzados complican el análisis, todavía es posible extender resultados que se resumen en el siguiente teorema:

PROPIEDAD DE CONTEO

Sea $x(t) \in L^2(\mathbb{R})$ y la señal trasladada en el plano tiempo-frecuencia la distancia

$$|D| = \sqrt{(\Delta t / t_o)^2 + (\Delta f / f_o)^2}$$

$$(Dx)(t) = exp(j2\pi t\, \Delta f)\, x(t - \Delta t)$$

Siendo $C_x(t,f)$ la WVD o un miembro de la clase de Cohen con $\Phi \in L^1(\mathbb{R}^2)$ de la señal $x(t)$, si para $\alpha \geq 3$ impar, se satisface:

$$\iint C_x^{\alpha}(t,f)\,dt\,df > 0 \quad ; \quad \iint C_{x+Dx}^{\alpha}(t,f)\,dt\,df > 0$$

Entonces:

$$\lim_{|D| \to \infty} H_{\alpha}(C_{x+Dx}) = H_{\alpha}(C_x) + 1$$

COROLARIO:

Además:

$$\lim_{|D| \to \infty} \iint [C_{x+Dx}^{\alpha}(t,f) - C_x^{\alpha}(t,f) - C_{Dx}^{\alpha}(t,f)]\,dt\,df = 0$$

El teorema implica también que la "información" de los términos cruzados debe decaer asintóticamente a cero. Estos resultados pueden extenderse para n componentes sobre todo cuando los autotérminos y los cruzados están suficientemente alejados en el plano tiempo-frecuencia. La propiedad de conteo no es válida en general cuando los términos cruzados se solapan con los autotérminos.

Los casos anteriores son incompletos ya que no se han introducido diferencias en las amplitudes y fases de las componentes intervinientes. Se muestra que la variación de amplitud trae como consecuencia una disminución de la entropía lo cual parece muy razonable si se piensa que las componentes de menor amplitud son dominadas por las más fuertes y por lo tanto transportan menos información.

En cuanto a la diferencia de fase de las componentes, tiene una fuerte influencia en los valores de entropía. La sensibilidad de H_3 a la fase relativa de las componentes poco espaciadas se explica por la influencia que ésta tiene en la propia señal. Al mismo tiempo pierden importancia para componentes disyuntas.

Las RTF con kernels pasa-bajo conducen normalmente a estimaciones de la información de Renyi más robustas que cuando se usa la WVD debido a la atenuación de los términos interferentes. Sin embargo esto es a costa de que los niveles de entropía tengan un sesgo dependiente de la señal.

En la Teoría de la Información, la entropía sirve de base para mediciones de distancia entre densidad de probabilidades. En el análisis tiempo-frecuencia mediciones análogas entre RTF tienen inmediata aplicación en problemas de detección y clasificación. Así una de las medida de distancia entre dos RTF C_1 y C_2 definida a través de la entropía, viene dada por:

$$J_{\alpha}(C_1 C_2) = H_{\alpha}(\sqrt{C_1 C_2}) - \frac{H_{\alpha}(C_1) + H_{\alpha}(C_2)}{2} \tag{3}$$

NOTA: Las mediciones de entropía están basadas en conceptos de la Teoría de la Información y cuantifican el grado de incerteza asociado con la respuesta de un experimento. En reconocimiento de patrones, estas mediciones relacionan cuanta incerteza queda acerca de los miembros de una clase una vez que se ha medido una característica.. Este conocimiento cuantifica la efectividad de un conjunto de características al brindar información que ayude a la clasificación.

7.3. DETECTORES TIEMPO-FRECUENCIA

Las representaciones tiempo-frecuencia proveen una estructura poderosa y flexible para el diseño de detectores óptimos en una gran variedad de escenarios no estacionarios.

La detección de señales se presentan como un test de hipótesis binario de la forma:

$$H_1 : \quad x(t) = s(t) + n(t)$$

$$(4)$$

$$H_0 : \quad x(t) = n(t)$$

donde $x(t)$ es la señal observada; $s(t)$ es la señal a ser detectada; $n(t)$ es ruido Gaussiano.

Basada en la observación x, se tiene que decidir si la señal s está presente (H_1) o no (H_2).

Para diferentes criterios, tales como el Neyman-Pearson, Bayesiano o mínimax, la decisión óptima se realiza comparando una función real valuada $L(x)$ (el test estadístico) respecto a un umbral.

Desde el punto de vista de la detección tiempo-frecuencia, hay dos observaciones básicas:

1) Las RTF bilineales son cuadráticas en la observación

2) Las RTF poseen grados de libertad adicionales provistos por sus parámetros : tiempo y frecuencia

De esta forma, 1) nos ubica a situaciones donde los detectores cuadráticos son óptimos, mientras que 2) nos conduce a test de hipótesis compuesto en el cual la señal a ser detectada tiene un par de parámetros desconocidos o aleatorios. Luego el problema se plantea:

$$H_1 : \quad x(t) = s(t,\alpha,\beta) + n(t)$$

$$(5)$$

$$H_0 : \quad x(t) = n(t)$$

con (α,β) parámetros de perturbación, . $s(t,\alpha,\beta)$ señal aleatoria de segundo orden

Centraremos la atención en señales y ruido de valor medio nulo, bajo la hipótesis que $s(t,\alpha,\beta)$ está caracterizada por la función de correlación :

$$R_s^{(\alpha,\beta)}(t_1,t_2) = E\{ s(t_1,\alpha,\beta)\overline{s}(t_2,\alpha,\beta)\} \qquad (6)$$

y el ruido por su correspondiente función de correlación R_n .

Para caracterizar las situaciones para las cuales los detectores TFR son particularmente aptos, es necesario identificar la naturaleza de los parámetros (α,β) y la dependencia respecto a los mismos de $R_x^{(\alpha,\beta)}$.

En particular, si (α,β) se corresponden con corrimientos en tiempo y frecuencia respectivamente, esto es $(\alpha,\beta) \equiv (\vartheta,\tau) \in \mathbb{R} \times T$ con $(t_1,t_2) \in T \times T$ el análisis a través de una RTF perteneciente a la Clase de Cohen resulta naturalmente apropiada.

$$R_s^{(\vartheta,\tau)}(t_1 t_2) = R_{TF}(t_1 - \tau, t_2 - \tau) exp(-j2\pi\vartheta t_1) exp(-j2\pi\vartheta t_2) \tag{7}$$

para alguna función de correlación R_{TF}.

NOTAR que (7) es equivalente a $s(t,\vartheta,\tau) = s_{(\vartheta,\tau)}(t-\tau) exp(j2\pi\vartheta t)$ en (6) donde para cada (ϑ,τ), $s_{(\vartheta,\tau)}$ es alguna señal de segundo orden con función de correlación R_{TF}, esto es, para cada (ϑ,τ), $s_{(\vartheta,\tau)}$ es una versión corrida en tiempo-frecuencia de alguna señal aleatoria con función de correlación R_{TF}.

La función de correlación R_{TF} caracteriza completamente a la señal s y juega un papel fundamental en la formulación de los detectores RTF. Así la función de similitud se expresa:

$$L_{TF}(x) = \max_{(\vartheta,\tau)} [RTF_s(\vartheta,\tau,\phi) + F_{TF}(\vartheta,\tau)] \tag{8}$$

con ϕ kernel de la RTF; F_{TF} es una función determinística que depende de la función de densidad de probabilidad conjunta de los parámetros en caso de ser aleatorios. Esta estructura RTF permite realizar detectores óptimos basados en el test de razón de similitud generalizada (GLRT).

Los métodos de detección basados en las distintas RTF sobre todo las pertenecientes a la Clase de Cohen están siendo aplicadas en diversas áreas desde radar a monitoreo de maquinarias para la detección de fallas, como así también en riesgos cardíacos a partir del análisis del ECG. Si bien se presentan a menudo inconvenientes debido a que las señales son complejas y no debidamente conocidas en lo que a sus estadísticas se refiere, se cuenta en muchos casos con muestras tipificadas.

En cuanto al radar, el usar detectores cuadráticos con métodos de Distribución conjunta tiempo-frecuencia han permitido no sólo facilitar la localización del blanco con mayor precisión, sino también dar una imagen del mismo de alta resolución. Se han logrado en este sentido progresos significativos.

Aunque las imágenes de radar pueden todavía ser no suficientemente nítidas en la dirección cruzada debido a la presencia de cavidades u otras estructuras del blanco como los motores de un avión, Luiz Tritinalia y Hao Ling desarrollaron algoritmos basados en RTF con los que se logra limpiar la imagen y aun reinterpretar la información contenida en las nubes borrosas para facilitar el reconocimiento del blanco.

7.4 CONCLUSIONES

Se ha querido mostrar que además de las herramientas tradicionales para el procesamiento de señales, aparecen continuamente nuevo métodos para encarar el problema de desentrañar las características que ayuden a comprender mejor los sistemas en estudio.

En los últimos años se han desarrollado numerosas representaciones tiempo-frecuencia que de alguna manera pueden interpretarse como versiones suavizadas de la Distribución de Wigner-Ville, de tal forma que el tipo de suavizado determina la cantidad de atenuación de los términos interferentes, su concentración en el plano tiempo-frecuencia y las propiedades matemáticas de la representación.

En general, las RTF al proveernos de una representación precisa de la evolución de las señales no estacionarias, ayudan en gran medida a realizar un análisis más completo de las mismas, facilitando su clasificación, modelado, determinación de parámetros y patrones.

Hay que destacar especialmente que no existe una "mejor Transformada"que nos sirva para todos los casos, sino que la elección de uno u otro tipo va a depender no sólo de cual es la señal en análisis, sino también cual es el objetivo que se persigue al realizar la Transformación. Lo importante es conocer lo mejor posible el conjunto de posibilidades que tenemos a mano como así también las limitaciones que presenta cada opción.

En resumen, las distintas RTF nos suministran otra visión de la señal que complementa lo que puede lograrse por otros mecanismos.

A1

Se indica con $\mathcal{C}^N$ al espacio vectorial de las N-uplas de números complejos con las operaciones definidas de la forma usual. Convenimos en representar los vectores

$$u \in \mathcal{C}^N \quad u = (u^1, u^2, ..., u^N)$$

por matrices columna Nx1 o por N-uplas según convenga.

A1.1 ¡Error! No se pueden crear objetos modificando códigos de campo. ESPACIO CON PRODUCTO INTERNO

Dado el Espacio Vectorial $\mathcal{C}^N$ se define el producto interno canónico

$$< u, v > = \sum_n u^n \overline{v^n} \quad con \quad u, v \in \mathbb{C}^N$$

Propiedades:

P) Positividad $\qquad < u, u > \geq 0 \quad y \quad < u, u > = 0 \quad solo \quad si \quad u = 0$

H) Hermitiano $\qquad < u, v > = \overline{< v, u >}$

L) Lineal $\qquad < c\,u + w, v > = c < u, v > + < w, v >$

Pueden definirse otros productos internos como por ejemplo, el producto interno pesado:

$$< u, v > = \sum_n \mu_n u^n \overline{v^n}$$

Si $< u, v > = 0$ se dice que u es ortogonal a v respecto a dicho producto interno

Una base $\{b_n\}$ de $\mathcal{C}^N$ es ortonormal respecto a un producto interno definido en $\mathcal{C}^N$ si

$$< b_n b_k > = \delta_n^k$$

NOTAR que el concepto de ortogonalidad como así también el de longitud dependen del producto interno fijado.

Se muestra que dado un producto interno en $\mathcal{C}^N$ existe siempre una base ortonormal respecto al mismo. Las bases ortonormales son muy importantes ya que la expresión de cualquier vector del espacio tiene una expresión sencilla respecto a dichas bases.

En efecto, puede mostrarse fácilmente que si $\{b_i\}$ es una base ortonormal de $\mathbb{C}^N$, todo $u \in \mathcal{C}^N$ se expresa como:

$$u = \sum_n < u,b_n > b_n \qquad\qquad (1)$$

Si bien siempre es posible encontrar en $\mathbb{C}^N$ una base ortonormal respecto a un producto interno fijado, a menudo nos encontramos con que la base con la que necesitamos trabajar no es ortonormal. Resultaría de gran utilidad encontrar una expresión similar a (1) para expresar cualquier vector del espacio como combinación lineal de los vectores de dicha base.

Para ello vamos a trabajar con aplicaciones lineales generales

$$F : \mathbb{C}^M \to \mathbb{C}^N$$

a las cuales cualquiera sea $M, N \in \mathbb{N}$, designaremos con el nombre de **operadores.**

Se tomarán en cuenta dos casos particulares:

$a)\quad F : \mathbb{C}^N \to \mathbb{C}$

$\qquad u \mapsto F(u)\quad$ *funcionales   o   formas   lineales*

$b)\quad u : \mathbb{C} \to \mathbb{C}^N\quad con\quad u \in \mathbb{C}^N$

$\qquad c \mapsto u(c) = c\,u$

A1.2. FUNCIONALES LINEALES - BASES DUALES

Sea $F\!: \mathcal{C}^N \to \mathcal{C}$ **funcional lineal**

Luego $F \in L(\mathcal{C}^N, \mathcal{C}) = \mathcal{C}_N$ espacio de los funcionales lineales o espacio dual de $\mathcal{C}^N$.

F viene representado por una matriz fila $(1\mathrm{x}N)$

Sea $\{b_1, b_2, ..., b_N\}$ base de $\mathcal{C}^N$. Vamos a construir la base correspondiente a $\mathcal{C}_N$ *(Figura 1)*.

Dado $u \in \mathbb{C}^N \Rightarrow u = \sum_n u^n\, b_n$ con u^n: componentes de u respecto a la base $\{b_i\}$ Definimos:

$$B^n : \mathbb{C}^N \to \mathbb{C}$$

$$u \to u^n \quad esto\quad es\quad B^n(u) = u^n$$

Luego

$$B^n(b_k) = \delta_k^n$$

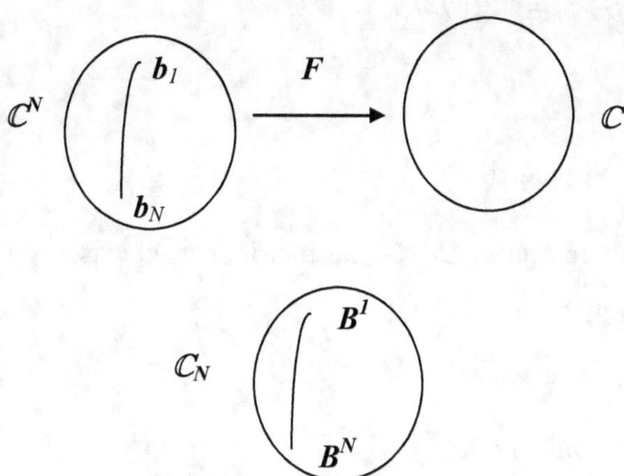

Figura 1.

El conjunto $\{B^1, B^2, ..., B^N\}$ es una base de $\mathcal{C}_N$ Para mostrarlo, es necesario probar:

a) Sea $F : \mathbb{C}^N \to \mathbb{C}$ funcional lineal, entonces F se escribe como combinación lineal de los B^n

b) Los B^n son linealmente independientes

    Prueba: a) Llamando $F_n = F(b_n)$

$$F(u) = F\left(\sum_n u^n b_n\right) = \sum_n F(b_n)u^n = \sum_n F_n B^n(u) = \left(\sum_n F_n B^n\right)u$$

$$\Rightarrow F = \sum_n F_n B^n$$

    Luego todo funcional F se escribe como c.l. de los B^n siendo los F_n las componentes de F respecto a la base $\{B^n\}$.

b)   queda como ejercicio.

La base $\{B^1, B^2, ..., B^N\}$ se llama **base dual** de $\{b_1, b_2, .., b_n\}$ y la relación que las caracteriza es

$$B^n(b_k) = \delta_k^n \quad \text{Relación de dualidad}$$

A1.3. ADJUNTO DE UN OPERADOR

Sea $F : \mathbb{C}^M \to \mathbb{C}^N ; w \mapsto F(w)$ operador

Se define F^*: operador adjunto (operador estrella)

$$F^* : \mathbb{C}^N \to \mathbb{C}^M \, ; u \mapsto F^*(u)$$

$$tal \quad que$$

$$w \in \mathbb{C}^M \quad ; \quad u \in \mathbb{C}^N :< w, F^*(u) >_{\mathbb{C}^M} = < F(w), u >_{\mathbb{C}^N}$$

Se muestra:

1) dado F, existe un único F^* con esta propiedad

2) Si se fijan bases ortonormales en los vectoriales $\mathbb{C}^M$, $\mathbb{C}^N$, las matrices asociadas a F y F^* son hermitianas (transpuesta conjugada).

En particular: si $M = 1$ sea

$$u : \mathbb{C} \to \mathbb{C}^N / c \mapsto u(c) = c\, u \quad con \quad u \in \mathbb{C}^N$$

$$u^* : \mathbb{C}^N \to \mathbb{C} / \quad v \mapsto u^*(v)$$

Luego:

$$< c, u^*(v) >=< u(c), v >= c < u, v >$$

De donde:

$$u^*(v) =< u, v >$$

Sea $\mathbb{C}^N$, $\{b_n\}$ base arbitraria de $\mathbb{C}^N$; $\{B^n\}$ su base dual

Siendo:

$$B^n : \mathbb{C}^N \to \mathbb{C}$$

$$u \mapsto B^n(u)$$

Se define el operador adjunto de B^n

$$(B^n)^* = b^n : \mathbb{C} \to \mathbb{C}^N$$

$$c \mapsto c\, b^n$$

Luego:

$$b^n \in \mathbb{C}^N / \bar{c}\, B^n(u) =< B^n(u), c >=< u, b^n(c) >=< u, c\, b^n >= \bar{c} < u, b^n >$$

De donde:

$$B^n(u) = u^n =< u, b^n >$$

En particular

$$B^n(b_k) =< b^n, b_k >= \delta_k^n$$

Se muestra que

$\{b^1, b^2, ..., b^N\}$ es una nueva base de $\mathcal{C}^N$

$\{b^n\}$, $\{b_n\}$ son bases biortogonales de $\mathcal{C}^N$

Estas bases se llaman **recíprocas**, pero por abuso de lenguaje se las llama también bases duales.

De la relación

$$u = \sum_n u^n \, b_n \quad con \quad u^n = B^n(u) =< u, b^n >$$

Se obtienen los coeficientes de la expansión de u en la base $\{b_n\}$, como producto interno del vector u con los vectores de la base recíproca $\{b^n\}$.

Luego:

$$u = \sum_n < u, b^n > b_n \qquad\qquad (2)$$

Las bases recíprocas son importantes porque generalizan el concepto de bases ortonormales las cuales pasan a ser un caso particular. En efecto, $\{b_n\}$ es una base ortonormal sii:

$$< b_k, b_n >= \delta_k^n \Rightarrow < b^k - b_k, b_n >=< b^k, b_n > - < b_k, b_n >= 0 \quad \forall k, n = 1, 2..., N \Rightarrow b^k = b_k$$

Luego una base en $\mathcal{C}^N$ es ortonormal si es auto-recíproca.

Si la base $\{b_n\}$ es ortonormal (autorecíproca) obtenemos las expresiones clásicas

$$u = \sum_n < u, b_n > b_n$$

La fuerte utilidad de la base recíproca es que permite computar los coeficientes de u respecto a la base $\{b_n\}$ no necesariamente ortogonal, tomando productos internos, justamente como en el caso ortogonal pero usando los vectores recíprocos. Para que esto sea práctico, se debe poder encontrar la base recíproca con relativa facilidad.

Una manera de hacerlo es resolviendo las relaciones de biortogonalidad $< b^n, b_k >= \delta_k^n$

EJEMPLO

Sea el espacio vectorial $\mathbb{C}^2$ con el producto interno usual.

$$b_1 = \begin{bmatrix} 2 \\ 0 \end{bmatrix} \quad ; \quad b_2 = \begin{bmatrix} 1 \\ -1 \end{bmatrix} \quad tal \quad que \quad (b_1, b_2) \text{ base de } \mathbb{C}^2.$$

Se busca su base dual

Suponemos $B^1 = [a \quad b] \quad ; \quad B^2 = [c \quad d]$

De las relaciones $B^i(b_j) = \delta_j^i$:

$$[a \quad b].\begin{bmatrix} 2 \\ 0 \end{bmatrix} = 1 \quad ; \quad [a \quad b].\begin{bmatrix} 1 \\ -1 \end{bmatrix} = 0$$

$$[c \quad d].\begin{bmatrix} 2 \\ 0 \end{bmatrix} = 0 \quad ; \quad [c \quad d].\begin{bmatrix} 1 \\ -1 \end{bmatrix} = 1$$

Lo cual da por resultado: $B^1 = [0.5 \quad 0.5] \quad ; \quad B^2 = [0 \quad -1]$

Como las matrices asociadas a un operador y su adjunto son hermitianas, la base recíproca corresponde a

$$b^1 = (B^1)* = \begin{bmatrix} 0.5 \\ 0.5 \end{bmatrix} \quad ; \quad b^2 = (B^2)* = \begin{bmatrix} 0 \\ -1 \end{bmatrix}$$

Para escribir

$$u = \begin{bmatrix} 7 \\ 5 \end{bmatrix}$$

como combinación lineal de los vectores de la base $\{b_n\}$, basta con encontrar los productos internos de u con los vectores de la base $\{b^n\}$

$$< u, b^1 >= 6 \quad ; \quad < u, b^2 >= -5 \quad \Rightarrow \quad u = 6\begin{bmatrix} 2 \\ 0 \end{bmatrix} - 5\begin{bmatrix} 1 \\ -1 \end{bmatrix}$$

Es posible aplicar otro procedimiento para, a partir de la base $\{b_n\}$ de $\mathbb{C}^N$, poder construir su base recíproca.

Para ello se define el **operador métrico** $G: \mathbb{C}^N \rightarrow \mathbb{C}^N$ dado por $G = \sum_n b_n b_n^*$

Éste es positivo definido ya que

$$< u, G(u) > = \sum_n |u^n|^2 > 0 \quad \forall u \neq 0$$

por lo que tiene operador inverso, el cual puede ser computado por métodos matriciales si se representa G por una matriz NxN.

Para construir $\{b^n\}$ observemos que:

$$Gb^k = \sum_n b_n b_n^* b^k = \sum_n b_n \delta_n^k = b_k$$

de donde

$$\boxed{b^k = G^{-1} b_k}$$

Del Ejemplo

$$G = \sum_n b_n b_n^* = \begin{bmatrix} 2 \\ 0 \end{bmatrix} \cdot [2 \quad 0] + \begin{bmatrix} 1 \\ -1 \end{bmatrix} \cdot [1 \quad -1] = \begin{bmatrix} 4 & 0 \\ 0 & 0 \end{bmatrix} + \begin{bmatrix} 1 & -1 \\ -1 & 1 \end{bmatrix} = \begin{bmatrix} 5 & -1 \\ -1 & 1 \end{bmatrix}$$

$$G^{-1} = \frac{1}{4} \begin{bmatrix} 1 & 1 \\ 1 & 5 \end{bmatrix} \Rightarrow b^1 = \frac{1}{4} \begin{bmatrix} 1 & 1 \\ 1 & 5 \end{bmatrix} \cdot \begin{bmatrix} 2 \\ 0 \end{bmatrix} = \begin{bmatrix} 0.5 \\ 0.5 \end{bmatrix} \quad ; \quad b^2 = \frac{1}{4} \begin{bmatrix} 1 & 1 \\ 1 & 5 \end{bmatrix} \cdot \begin{bmatrix} 1 \\ -1 \end{bmatrix} = \begin{bmatrix} 0 \\ -1 \end{bmatrix}$$

A1.4. ESPACIO DE FUNCIONES Y ESPACIOS DE HILBERT

Los conceptos hasta aquí desarrollados han tomado como punto de partida $\mathbb{C}^N$, esto es el espacio vectorial de las N-uplas de números complejos.

Como el objetivo es trabajar en el procesamiento de señales consideradas éstas como funciones del tiempo

$$x(t): \mathbb{R} \to \mathbb{C} \quad en \quad el \quad caso \quad continuo$$
$$x[n]: \mathbb{Z} \to \mathbb{C} \quad en \quad el \quad caso \quad discreto$$

es preciso extender lo visto a espacios cuyos elementos sean de este tipo.

Se han dado dos formas de visualizar los vectores de $\mathbb{C}^N$: a) como N-uplas de números complejos, b) como aplicaciones lineales de $\mathbb{C} \to \mathbb{C}^N$

$$\mathbf{u} \in \mathbb{C}^N : \quad \mathbf{u} = \begin{bmatrix} u^1 \\ u^2 \\ \cdot \\ u^N \end{bmatrix} ; \qquad \mathbf{u} : \mathbb{C} \to \mathbb{C}^N / c \mapsto \mathbf{u}(c) = c\,\mathbf{u}$$

Haremos ahora otra interpretación:

Sea $A = \{1,2,......,N\}$ y consideremos la función $f: A \to \mathbb{C}$

Esto significa que tenemos alguna regla que asigna un número complejo $f(n)$ a cada $n \in A$ El conjunto de todas tales funciones se denota $\mathbb{C}^A$

Obviamente, especificar una función $f \in \mathbb{C}^A$ es dar N números complejos ordenados $f(1)$, $f(2)$, ...$f(N)$, que pueden ser escritos como vectores columna $\mathbf{u}_f \in \mathbb{C}^N$ con componentes $(\mathbf{u}_f)^n = f(n)$, lo cual permite establecer una correspondencia uno a uno entre $\mathbb{C}^A$ y $\mathbb{C}^N$

Es posible definir una multiplicación por escalar y una suma en $\mathbb{C}^A$:

$(cf)(n) = c\ f(n)$

$(f+g)\ (n) = f(n) + g(n)$

que le dan una estructura de espacio vectorial, la cual resulta isomorfa a la establecida en $\mathbb{C}^N$. Estas consideraciones permite identificar $f \leftrightarrow \mathbf{u}_f$, esto es, funciones $f: A \to \mathbb{C}^N$, con matrices columna $\mathbf{u} \in \mathbb{C}^N$.

En general, sea S un conjunto arbitrario y $\mathbb{C}^S$ el conjunto de todas las funciones

$f: S \to \mathbb{C}$

Definiendo las operaciones en $\mathbb{C}^S$ de la forma usual:

$(cf)(s) = c\ f(s)$
$(f+g)(s) = f(s) + g(s)$

se muestra que $\mathbb{C}^S$ es un espacio vectorial sobre $\mathbb{C}$.

En particular, para $S = \mathbb{R}$, $\mathbb{C}^{\mathbb{R}}$ es el espacio vectorial de todas las posibles funciones

$f: \mathbb{R} \to \mathbb{C}$

Se pretende extender algunos conceptos básicos del Algebra Lineal como bases, producto interno y norma, desarrollado para $\mathbb{C}^N$ a estos espacios más generales $\mathbb{C}^S$ teniendo en consideración fundamentalmente dos situaciones:

a) S conjunto discreto (conjunto de los números naturales o números enteros)

b) S conjunto "continuo" (conjunto de los números reales o números complejos)

Una **base** de un vectorial V de dimensión N, consiste en una sucesión de N vectores linealmente independientes $\{b_i\}_{i=1}^{N}$ tal que para todo $v \in V$ existen escalares $c^1, c^2, ..., c^N$ que satisfacen

$$v = \sum_{i=1}^{N} c^i \, b_i \quad (3)$$

La condición de lineal independencia de los vectores b_i tiene como consecuencia que los coeficientes c^i son únicos. Luego la idea de base está vinculada a la existencia y unicidad de los coeficientes c^i

Para espacios vectoriales de dimensión infinita, el concepto de base es algo más complicado. En esencia dice que $\{b_i\}_{i=1}^{\infty}$ es una base de V si para todo vector $v \in V$ existen coeficientes únicos $\{c^i(v)\}$ tal que

$$v = \sum_{i=1}^{\infty} c^i \, b_i \quad (4)$$

Vemos que se reemplazado (3) por la serie infinita (4) lo cual abre distintas posibilidades de acuerdo a cómo se pretende que la serie converja.

La expresión (4) se suele llamar **expansión de v en la base** $\{b_i\}_{i=1}^{\infty}$

En $\mathbb{C}^{\mathbb{Z}}$, el producto interno y norma asociada pueden ser definidos formalmente:

$$<f,g> = \sum_{n=-\infty}^{\infty} f(n).\overline{g(n)} \quad ; \quad \|f\|^2 = <f,f> = \sum_{n=-\infty}^{\infty} |f(n)|^2 \quad (5)$$

Pero estas sumas pueden no ser convergentes para funciones generales $f, g \in \mathbb{C}^{\mathbb{Z}}$.

Una solución típica es considerar sólo el subconjunto de funciones con norma finita.

$$\mathcal{H} = \{ f \in C^{Z} \, / \, \|f\|^2 < \infty \}$$

Lo que hay que analizar es si $\mathcal{H}$ es todavía un espacio vectorial, esto es, si $\mathcal{H}$ es cerrado para la multiplicación por escalar y la suma.

Si $f \in \mathcal{H} \Rightarrow (cf) \in \mathcal{H}$ ya que $\|cf\| = |c|\|f\| < \infty$

De igual forma: $f+g \in \mathcal{H}$ ya que $\|f + g\| \leq \|f\| + \|g\| < \infty$

Luego, $\mathcal{H}$ es un espacio vectorial, el espacio de las sucesiones complejas cuadrado sumables y se denota $l^2(\mathbb{Z})$.

Consideremos ahora el caso de $\mathbb{C}^{S}$ con $S = \mathbb{R}$

Se define el producto interno y la norma

$$< f,g >= \int_{-\infty}^{\infty} f(t).\overline{g(t)}dt \quad ; \quad \|f\| = \int_{-\infty}^{\infty} |f(t)|^2 \, dt$$

Aquí se presentan dos problemas:

1) la integral usual de Riemann que definen $<f,g>$ y la norma, existe para un pequeño conjunto de funciones $f\colon \mathbb{R} \to \mathbb{C}$ y la razón no es sólo la convergencia de la integral impropia, sino la posibilidad que la función sea Riemann – integrable.

    El uso de la integral de Lebesgue amplía el espectro de las funciones integrables, conjunto que llamaremos $\mathcal{H}.$

2) Sabemos que si una función es nula salvo en un conjunto de contenido nulo (por ejemplo, puntos aislados) la integral de Lebesgue (y la de Riemann) es cero, con lo que no se cumple la propiedad de positividad del producto interno. Para salvar esta situación se dice que $f(t) = g(t)$ a.e. (*almost everywhere*), si $g(t)$ difiere de $f(t)$ sólo en un conjunto de contenido nulo. Así si $f(t) = 0$ salvo en un conjunto de contenido nulo, decimos

    $$f(t) = 0 \ a.e.$$

    Con ello $\mathcal{H}$ no es más un conjunto de funciones simples, sino de clases de funciones iguales *a.e.* En particular, el elemento $0 \in \mathcal{H}$ consiste en todas las funciones mensurables que se anulan a.e., con lo que el producto interno definido previamente cumple con las tres propiedades: P, H, L.

$\mathcal{H}$ se llama el espacio de las funciones complejo valuadas, cuadrado integrables en $\mathbb{R}$ y se indica $L^2(\mathbb{R})$.

Tanto $l^2(\mathbb{Z})$ como $L^2(\mathbb{R})$ son ejemplos de **Espacios de Hilbert**, entendiendo por tal un espacio vectorial con producto interno, completo en el sentido que cualquier sucesión $\{f_1, f_2, ...\}$ en $\mathcal{H}$ para la cual $\|f_n - f_m\| \to 0 \quad si \quad m,n \to \infty$ (sucesión de Cachy), converge a alguna $f \in \mathcal{H}$, esto es $\|f - f_n\| \to 0 \quad si \quad n \to \infty$

En particular, $\mathbb{C}^N$ es un espacio de Hilbert de dimensión finita.

Sean $\mathcal{H}\,;\,\mathcal{K}$ espacios de Hilbert

$$T\colon \mathcal{H} \to \mathcal{K} \text{ operador lineal.}$$

T es acotado si existe una constante positiva C tal que

$$\|Tv\| \le C\|v\| \quad para \quad todo \quad v \in \mathcal{H}$$

Se define

a)   la norma de T: $\|T\| = sup\{\|Tv\| \, / \ \ \|v\| = 1, \ \ v \in \mathcal{H}\}$.

b   el operador adjunto de T: $T^*: \mathcal{K} \to \mathcal{H}$ que satisface:

$$< u, Tv >=< T^* u, v > \quad \forall \, v \in \mathcal{H}, \, u \in \mathcal{K}$$

Una situación particularmente importante se da cuando $\mathcal{H} = \mathcal{K}$ y $T = T^*$ Luego el operador T se llama **autoadjunto**.

$$T \text{ es } \mathbf{unitario} \text{ si } TT^* = T^*T = I$$

OBSERVACIÓN: En todos los casos debe respetarse el producto interno definido en los espacios correspondientes.

Una base $\{e_n\}_{n=1}^{\infty}$ de un espacio de Hilbert , es ortonormal sii $< e_i \ e_j >= \delta_{ij}$. En este caso la fórmula (3) en dimensión finita $\mathbb{C}^N$ se extiende directamente a dimensión infinita.

$$v = \sum_{n=1}^{\infty} < v \ e_n > e_n \qquad\qquad (6)$$

NOTA: No todos los espacios de Hilbert tienen una base numerable de este tipo. A los que la poseen se los llama **separables.**

Se muestra que $L^2(\Omega)$ es un espacio de Hilbert separable para cualquier abierto $\Omega \subseteq \mathbb{R}^N$. Por otro lado $l^2(I)$ es separable si el conjunto de índices I es numerable.

En particular, los espacios que nos ocupan: $L(\mathbb{R}) \ \ ; l(\mathbb{Z})$ lo son

---

EJEMPLO

Sea $, = L^2[-\pi, \pi]$ Este espacio tiene una base ortonormal numerable

$$\{e_n(t)\}_{n \in \mathbb{Z}} = \left\{ \frac{1}{\sqrt{2\pi}} e^{jnt} \right\}_{n \in \mathbb{Z}}$$

Luego cada función $f \in L^2[-\pi, \pi]$ tiene una expansión

$$f = \sum_n c^n e_n \quad con \quad c^n = \frac{1}{\sqrt{2\pi}} \int_{-\pi}^{\pi} f(t) \ e^{-jnt} dt$$

que corresponde a los coeficientes de la Serie de Fourier.

A1.5. BASES BIORTOGONALES

Dos sucesiones $\{x_i\}, \{y_i\}$ en un espacio de Hilbert son biortogonales sii $< x_i \ y_j >= \delta_{ij}$

Propiedades Básicas:

1) Para una sucesión dada $\{x_i\}$ existe una sucesión biortogonal $\{y_i\}$ si y sólo si $\{x_i\}$ satisface que cada uno de sus elementos no pertenece al subespacio generado por los restantes $x_p \notin span \ \{x_i\}_{i \neq p}$

2) Una sucesión biortogonal para $\{x_i\}$ es, en caso de existir, única si y sólo si $\{x_i\}$ es completa en $\mathcal{H}$

Una sucesión $\{y_i\}$ biortogonal a una base $\{x_i\}$ de $\mathcal{H}$, es ella misma una base para $\mathcal{H}$. Se obtiene para cada $v \in \mathcal{H}$, las representaciones:

$$v = \sum_i < v \ y_i > x_i \quad ; \quad v = \sum_i < v \ x_i > y_i \qquad (7)$$

Expresión que extiende a los espacios de dimensión infinita la expresión (2). Nuevamente la utilidad de la fórmula reside en la facilidad de encontrar a partir de una base fijada, la biortogonal asociada.

A1.6. BASE DE RIESZ

Definición

Una sucesión $\{x_i\}_{i \in \mathbb{N}}$ en $\mathcal{H}$, se llama base de Riesz si existe una base ortonormal $\{e_i\}_{i \in \mathbb{N}}$ en $\mathcal{H}$, y una función $T: \mathcal{H} \rightarrow \mathcal{H}$ acotada e invertible, tal que $Te_i = x_i \quad \forall i \in \mathbb{N}$.

Las siguientes condiciones son equivalentes:

1) $\{x_i\}_{i \in \mathbb{N}}$ es una base de Riesz en $\mathcal{H}$

2) La sucesión $\{x_i\}_{i \in \mathbb{N}}$ es completa en $\mathcal{H}$, y existen constantes A, B con $0 < A \leq B < \infty$ tal que $\forall p \in \mathbb{N}$ y toda sucesión $c^1, c^2, ..., c^p$ de escalares, se tiene:

$$A \sum_{i=1}^{p} |c^i|^2 \leq \left\| \sum_{i=1}^{p} c^i x_i \right\|^2 \leq B \sum_{i=1}^{p} |c^i|^2$$

3) La sucesión $\{x_i\}_{i \in \mathbb{N}}$ es completa en $\mathcal{H}$, y posee una sucesión biortogonal completa $\{y_i\}_{i \in \mathbb{N}}$ tal que para todo $v \in \mathcal{H}, \ \sum |< v \ x_i >|^2 < \infty \quad ; \quad \sum |< v \ y_i >| < \infty$

Las constantes A y B se llaman **cotas de Riesz**.

A1.7. FRAMES (Bases Generalizadas)

Una familia de elementos $\{f_i\}_{i\in I}\subseteq\mathcal{H}$, se llama un **frame** para $\mathcal{H}$, si existen constantes $A,B>0$, tal que

$$A\|f\|^2 \le \sum_{i\in I}\left|< f\ f_i >\right|^2 \le B\|f\|^2 \qquad \forall f \in \mathcal{H}$$

Los números A y B se llaman cotas del frame.

Si se puede elegir $A = B$, el frame se llama *tight* (ajustado) para el cual se satisface

$$\sum\left|< f\ f_i >\right|^2 = A\|f\|^2$$

De donde se muestra que:

$$A < f\ g >= \sum < f\ f_i >< f_i\ g >$$

Luego

$$f = A^{-1}\sum< f\ f_i > f_i \qquad\qquad (8)$$

Esta expresión presenta una forma muy similar a la de las bases ortonormales. Sin embargo debe recalcarse que los frames, salvo situaciones particulares, no son bases.

EJEMPLO

Sea

$$\mathcal{H} = \mathbb{C}^2 \quad e_1 = (0,1) \quad ; \quad e_2 = \left(-\frac{\sqrt{3}}{2},\frac{1}{2}\right) \quad ; \quad e_3 = \left(\frac{\sqrt{3}}{2},-\frac{1}{2}\right)$$

Para

$$v = (v_1 v_2) \in \mathcal{H}: \sum_{j=1}^{3}\left|< v\ e_j >\right|^2 = \frac{3}{2}\|v\|^2$$

Luego $\{e_1 e_2 e_3\}$ es un tight frame, pero de ninguna manera es una base ortonormal ya que los tres vectores son claramente linealmente dependientes.

NOTAR que en este caso, la cota del frame

$$A = \frac{3}{2}$$

da la tasa de redundancia (tres vectores en un espacio de dm 2).

En el caso particular tener un tight frame $\{e_i\}_{i\in I}$ _con_ $\|e_i\| = 1$ y $A = 1$, entonces se está en presencia de una base ortonormal.

Una base de Riesz es un caso especial de frame donde los vectores son linealmente independientes.

A1.8. OPERADOR DEL FRAME

Dado un frame $\{f_i\}_{i\in I}$ de $\mathcal{H}$, se define el **operador preframe**

$$\mathbf{T: l^2\,(\mathbb{N}) \to \mathcal{H},\ T\{c^i\}_{i\in I} = \sum_{i\in I} c^i f_i}$$

el cual resulta lineal y acotado.

El operador adjunto está dado por: $\boldsymbol{T^*:\ \mathcal{H} \to l^2(\mathbb{N}),\ T^*\ f = \{< f\ f_i >\}_{i=1}^{\infty}}$

Componiendo los operadores $\boldsymbol{T}$ y $\boldsymbol{T^*}$ se obtiene el operador

$$\mathbf{S:\ \mathcal{H} \to \mathcal{H},\ S\ f = TT^*\ f = \sum_{i=1}^{\infty} < f\ f_i > f_i}$$

al cual se lo llama **operador del frame**.

$\boldsymbol{S}$ es acotado y $\boldsymbol{S^* = (TT^*)^* = TT^* = S}$, luego $\boldsymbol{S}$ es autoadjunto

Se muestra:

1)   El operador $\boldsymbol{S}$ es invertible

2) $\boldsymbol{\{S^{-1}\ f_i\}}$ es un frame con cotas B^{-1}, A^{-1}, llamado el **frame dual** de $\{f_i\}$

NOTA: El operador $\boldsymbol{S}$ es el equivalente en dimensión infinita del operador métrico $\boldsymbol{G}$.

La propiedad más importante la constituye la **descomposición frame** que muestra que si $\{f_i\}_{i\in I}$ es un frame, todo elemento del espacio de Hilbert tiene una representación como una combinación lineal infinita de los elementos del frame pudiendo determinarse los coeficientes a partir del frame dual. De aquí su interpretación como bases generalizadas.

$$f = SS^{-1} f = \sum_{i\in I} < f, S^{-1} f_i > f_i \qquad \forall f \in \mathcal{H} \tag{9}$$

que también puede tomar la forma:

$$f = \boldsymbol{S}^{-1}\boldsymbol{S}\,f = \sum_{i \in I} < f, f_i > \boldsymbol{S}^{-1}\,f_i \qquad \forall f \in \mathcal{H} \qquad\qquad (10)$$

Debe tenerse en cuanta que como no se exige lineal independencia a los elementos del frame, resulta en general una representación redundante la cual no es única.

Así, existen otras representaciones de $f = \sum_{i \in I} c^i f_i$ para las cuales no todos los coeficientes son

$c^i = < f, S^{-1} f_i >$. Se muestra que en ese caso

$$\sum \left| c^i \right|^2 > \sum \left| < f, \boldsymbol{S}^{-1} f_i > \right|^2$$

Luego puede decirse que la descomposición (9) corresponde a los coeficientes más "económicos".

A 2

El problema matemático planteado es la construcción de una base **B**, si es posible ortonormal, para el espacio de señales admisibles $L^2(\mathbb{R})$ con:

$$B = (\psi_{j,k}(t), j \in \mathbb{Z}, k \in \mathbb{Z})$$

donde las funciones de base se construyen a partir de un prototipo $\psi(t)$ por dilataciones y corrimientos

$$\psi_{j,k}(t) = 2^{j/2}\psi(2^j t - k)$$

A2.1. BASE ORTONORMAL DE ONDITAS

Disponiendo de esta base ortonormal, a la que para mayor simplicidad también supondremos real, se puede escribir:

$$x(t) = \sum_{j,k} b_{jk}\psi_{jk}(t) \quad (1)$$

con

$$b_{jk} = <x(t), \psi_{j,k}(t)> = \int_{-\infty}^{\infty} x(t).\psi_{jk}(t).dt \qquad (2)$$

Los coeficientes b_{jk} indican cuan similar o próximo a $\psi_{jk}(t)$ está $x(t)$ ya que representa la proyección de $x(t)$ sobre $\psi_{jk}(t)$ (*Figura 1*).

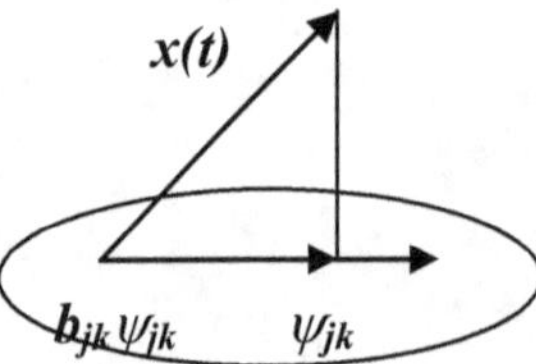

Figura 1

Si para cada valor de **j** se considera el conjunto de vectores

$$\psi_{jk}(t) = 2^{j/2}\psi(2^j t - k) \quad k \in \mathbb{Z}$$

ellos generan el subespacio $W_j = <\psi_{jk}>$

Así, para $j_1 \neq j_2$ obtenemos los subespacios W_{j1} y W_{j2}, que, bajo la hipótesis de **B**: base ortonormal, cumplen con la condición de que los vectores que generan a W_{j1} son ortogonales a los vectores que generan a W_{j2}, luego $W_{j1} \cap W_{j2} = \{0\}$

Se genera así una familia de subespacios que permite una descomposición en suma directa de $L^2(\mathbb{R})$ en el sentido que cada $x(t) \in L^2(\mathbb{R})$ puede expresarse en forma única como suma de sus proyecciones sobre los subespacios W_j

$$x(t) = ... p_{-1}(t) + p_o(t) + p_1(t) + p_2(t) + ... \text{ con } p_j(t) \in W_j \quad j \in \mathbb{Z}$$

La componente $p_j(t)$ en W_j tiene una única representación en la base $\{\psi_{jk} \quad k \in \mathbb{Z}\}$ dando los coeficientes de la combinación lineal, información localizada de x en la escala correspondiente al nivel j, el cual está vinculada a una banda de frecuencia.

A2.2 ESCALA DE SUBESPACIOS

A partir de los subespacios W_j es posible construir los subespacios V_j (*Figura 2*), tal que

$$V_j = ... \oplus W_{j-3} \oplus W_{j-2} \oplus W_{j-1}$$

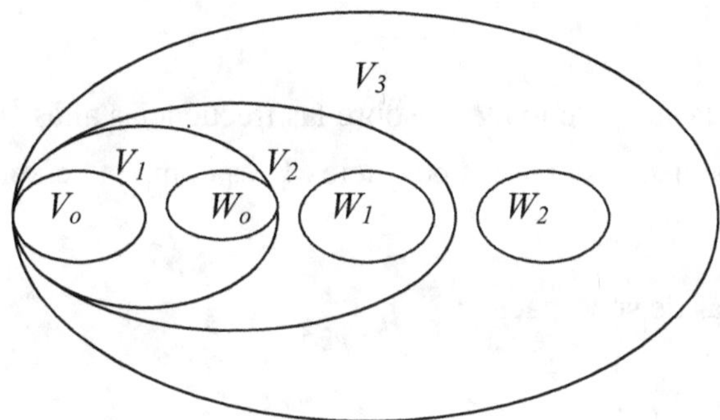

Figura 2

los cuales satisfacen:

1. $... \subset V_{-1} \subset V_o \subset V_1 \subset ...$ (sucesión creciente de subespacios)

2. $\bigcup V_j = L^2(\mathbb{R}) \quad j \in \mathbb{Z}$ (completo en $L^2(\mathbb{R})$)

3. $\bigcap V_j = \{\overline{0}\} \quad j \in \mathbb{Z} \qquad (-\infty < j < +\infty)$

4. $V_{j+1} = V_j \oplus W_j$

5. Si $x(t) \in V_j \Rightarrow x(2t) \in V_{j+1}$

Partimos de que por construcción cada V_j está contenido en el próximo subespacio V_{j+1}

Una función $x(t)$ del espacio total tiene componentes en cada subespacio.

La componente en V_j es $x_j(t)$.

Un requerimiento de la secuencia de subespacios es la completitud.

$$x_j(t) \rightarrow x(t) \quad para \quad j \rightarrow \infty \ \text{con} \ x(t) = L^2(\mathbb{R})$$

EJEMPLO

Sea

V_j que contiene todos los polinomios trigonométricos de grado $\leq j$

$x(t)$: señal periódica de período 2π

La proyección de $x(t)$ en V_j es la suma parcial $x_j(t)$ de su desarrollo en Serie de Fourier

$$x_j(t) = \sum_{|m| \leq j} c_m \cdot e^{imt}$$

Las e^{imt} son ortogonales, luego la energía de $x_j(t)$ es la suma de los $|c_m|^2$ sobre las frecuencias que resultan de hacer $/m/ \leq j$

La energía de $x(t) - x_j(t)$ es la suma de los $|c_m|^2$ sobre las frecuencias altas $/m/ > j$ que tiende a cero cuando $j \rightarrow \infty$. Luego, la sucesión de subespacios V_j es completa en el espacio L^2 *periódico de período 2π.*

Considerando ambas familias de subespacios:

De la propiedad 4 $V_j \oplus W_j = V_{j+1}$

W_j contiene la información nueva $\Lambda x_j(t) = x_{j+1}(t) - x_j(t)$ esto es, nos da los detalles al nivel j, o términos que se incorporan al considerar $x_{j+1}(t)$

El espacio W_j contiene sólo términos de nivel $j+1$, los cuales son ortogonales a todos los términos de nivel $\leq j$.

Los espacios W_j son *diferencias* entre los V_j

Los espacios V_j son *sumas* de los W_j

$$V_o \oplus W_o = V_1$$
$$V_1 \oplus W_1 = V_2 \rightarrow V_o \oplus W_o \oplus W_1 = V_2$$
$$V_o \oplus W_o \oplus W_1 \oplus ... \oplus W_j = V_{j+1}$$

luego

$$x_o(t) + \Delta x_o(t) + \Delta x_1(t) + ... + \Delta x_j(t) = x_{j+1}(t)$$

En la práctica, se puede construir los subespacios V_j y tomar diferencias, o construir los W_j y tomar sumas.

Supongamos existe una función $\phi \in V_o$ tal que $\{\phi(t-k) \quad k \in \mathbb{Z}\}$ sea una base de V_o.

Luego se muestra que bajo las hipótesis de partida (propiedades 1 a 5) la familia $\{\phi_{j\,k}(t) \quad k \in \mathbb{Z}\}$ con $\phi_{jk}(t) = 2^{j/2}\phi(2^j t - k)$, es una base de V_j

DEFINICIÓN: Una función $\phi \in L^2(\mathbb{R})$ se llama **función escala**, si los subespacios V_j de $L^2(\mathbb{R})$ definidos por $V_j =< \phi_{jk}(t) \quad k \in \mathbb{Z} > \quad j \in \mathbb{Z}$ satisfacen las propiedades 1 a 5.

El objetivo propuesto es construir una base para $L^2(\mathbb{R})$ que permita a través de la expansión de la señal en estudio, poner en evidencia características de la misma que no pueden ser adecuadamente observadas en su presentación temporal.

El proceso puede comenzar con el diseño de una ondita prototipo $\psi(t)$ a partir de la cual se construyen los subespacios W_j y V_j, lo cual es normalmente complicado y solo posible en algunos casos especiales.

Otro mecanismo es empezar determinando la función escala $\phi(t)$ cuyas traslaciones $\phi(t-k)$ generan V_o. Por re-escalamiento $t \to 2^j t$ se obtiene V_j

Luego, los subespacios onditas W_j se encuentran por diferencia entre V_j y V_{j+1}

La técnica que vamos a desarrollar es justamente construir primero la función escala $\phi \in L^2(\mathbb{R})$ que genera la secuencia de subespacios cerrados V_j de $L^2(\mathbb{R})$, estableciendo a continuación su íntima vinculación con el banco de filtros.

A2.3 ANÁLISIS DE LAS PROPIEDADES

Planteado el problema de construir una base ortonormal de $L^2(\mathbb{R})$ a partir de una ondita madre, se ha llegado a establecer una sucesión de subespacios $\{V_j\}$ que satisfacen las condiciones 1 a 5. Luego, estas propiedades pueden ser consideradas como requerimientos necesarios para la existencia de una ondita $\psi(t)$.

Analizaremos entonces estas propiedades para ver cómo a partir de su cumplimiento por una sucesión de subespacios V_j, se puede generar una ondita prototipo de propiedades establecidas.

A2.3.1. LOS REQUERIMIENTOS DE DILATACION

Sea una sucesión de subespacios completa y creciente $\{V_j\}$.

Cada V_j está contenido en V_{j+1}. Además se cumple: $x(t) \in V_j \Leftrightarrow x(2t) \in V_{j+1}$

V_{j+1} consiste en todas las funciones re-escaladas de V_j, tal como establece la propiedad 5.

En el ejemplo

$$x_j(t) = \sum_{|m| \leq j} c_m . e^{imt}$$

no cumple con esta condición ya que la frecuencia más alta sólo aumenta una unidad entre V_j y V_{j+1} Pero cuando t *cambia a 2t* la frecuencia más alta es *2m*. Se requiere que el nuevo espacio V_{j+1} contenga todas esas frecuencias. Como esto no se satisface, esta descomposición no cumple las exigencias de dilatación establecidas.

A2.3.2. LOS REQUERIMIENTOS DE TRASLACION

Por la construcción de Vj si mantenemos la escala (j fijo) y realizamos traslaciones de $x_j(t)$ se verifica:

$$x_j(t) \in V_j \quad \Rightarrow \quad x_j(t-k) \in V_j$$

lo que indica que **los V_j son subespacios invariantes a corrimientos en el tiempo.**

Esto nos permite trabajar en toda la línea $-\infty < t < +\infty$ como así también con señales periódicas.

A2.3.3. LOS REQUERIMIENTO DE LAS BASES

Supongamos que **existe $\phi(t)$ tal que$\{\phi(t-k)\}$ es una base ortonormal de V_o**

En esta situación, se muestra que el conjunto de las funciones re-escaladas $\{\sqrt{2}.\phi(2t-k)\}$ es una base ortonormal de V_1 y así sucesivamente. En el nivel j, las funciones base $\phi(2^j t - k)$ se normalizan por $2^{j/2}$

En realidad, elegida la función $\phi(t)$ en V_o, sus traslaciones $\phi(t-k)$ *pueden* ser independientes, las cuales *pueden* generar todo el espacio V_o. Ellas *pueden* además ser ortogonales.

La hipótesis de $\{\phi(t-k)\}$ base ortonormal de V_o es bastante restrictiva y es posible debilitarla sin perder la esencia de la multiresolución.

En general basta con que las bases sean **estables**, esto es que satisfagan la **condición de Riesz,** o sea que las traslaciones $\phi(t-k)$ de la función escala constituyan una base de Riesz de V_o

Todavía cabe la posibilidad de que una sola función escala no pueda generar con sus traslaciones todo el espacio V_o, sino que se necesiten varias funciones escala $\phi_1(t), \phi_2(t), ...$ en cuyo caso conduce al concepto de **"multionditas".**

Resumiendo:

- $V_j \subset V_{j+1}$; $\bigcap V_j = \{\overline{0}\}$; $\bigcup \overline{V}_j = L^2(\mathbb{R})$

- $x(t) \in V_j \Leftrightarrow x(2t) \in V_{j+1}$

- $x(t) \in V_o \Leftrightarrow x(t-k) \in V_o$

- $\{\phi(t-k) \quad k \in \mathbb{Z}\}$ es una base ortonormal de V_o

- $\{\phi_{jk}(t) = 2^{j/2}.\phi(2^j.t-k) \quad k \in \mathbb{Z}\}$ es una base ortonormal de V_j

$*\ x(t) \in L^2(\mathbb{R}) \Rightarrow x_j(t) = \sum_{k=-\infty}^{\infty} a_{jk}\phi_{jk}(t)$ es la componente de $x(t)$ en V_j

---

EJEMPLO

Sea V_o tal que contiene todas las funciones en $L^2(\mathbb{R})$ que son constantes en intervalos unitarios $n \le t < n+1$

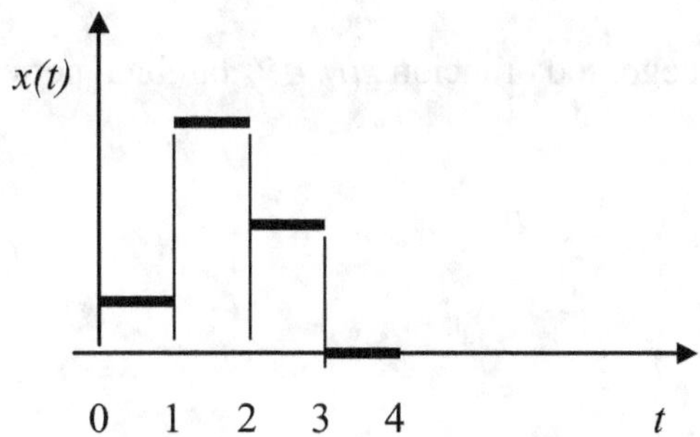

Las funciones que pertenecen a V_1 son constantes en intervalos mitad.

Las funciones que pertenecen a V_j son constantes en intervalos de longitud 2^{-j}

Los subespacios son crecientes: $V_j \subset V_{j+1}$ ya que cualquier función que es constante en intervalos de longitud 2^{-j} es automáticamente constante en intervalos de longitud mitad.

La elección más simple para la función $\phi(t)$ es tomar

$$\phi(t) = \begin{cases} 1 & 0 \le t < 1 \\ 0 & otros \end{cases}$$

la cual es ortogonal a sus traslaciones $\phi(t-k)$

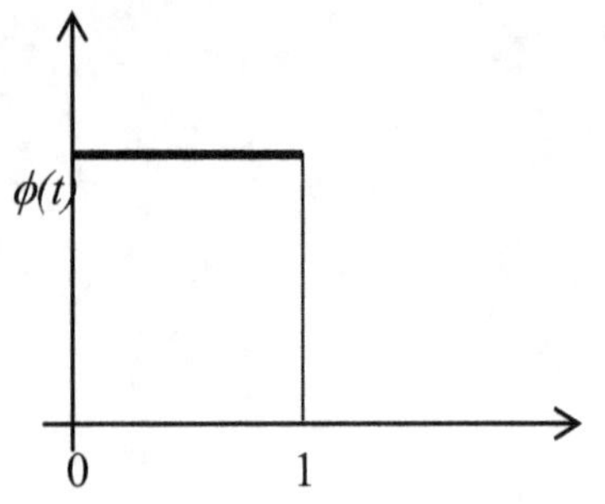

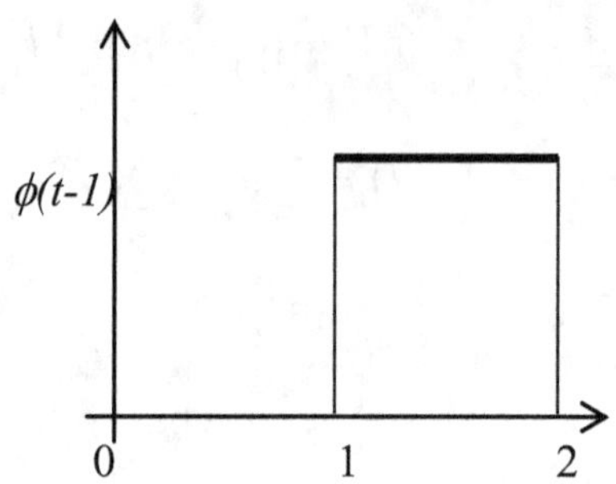

Toda función de V_o es combinación lineal de funciones

$$\phi\,(t\text{-}k): x(t) = \sum_k x(k).\phi\,(t-k)$$

Las funciones base de V_1 son las traslaciones de $\phi\,(2t)$ y las de V_j las correspondientes a $\phi(2^j t)$.

NOTAR

1) $\phi\,(t) = \phi\,(2t) + \phi\,(2t-1)$ luego, toda función $x(t)\,\in V_o$ también pertenece a V_1

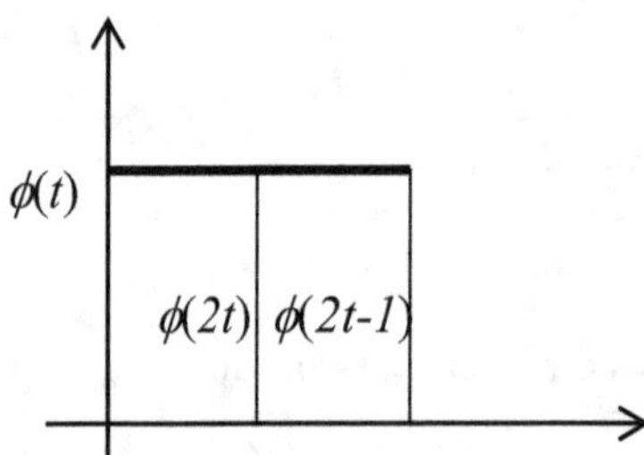

2)   Si bien $\phi(t)$ es ortogonal a $\phi(t\text{-}k)$ para todo k: *número entero*, no lo es con respecto a $\phi\,(2t)$ y en general, no es ortogonal a $\phi\,(2^j\,t)$

A2.4. LA ECUACION DE DILATACIÓN

Por construcción $V_o \subset V_1$, luego como $\phi\,(t)\,\in V_o \Rightarrow \phi\,(t)\in V_1$.

Debe, por lo tanto, ser una combinación lineal de las funciones base $2^{1/2}.\phi\,(2t\text{-}k)$ de ese subespacio.

$$\phi\,(t) = \sqrt{2}.\sum_k h(k).\phi\,(2t-k) \tag{3}$$

la cual se llama **ecuación de dilatación** o **ecuación de refinamiento**, porque expresa $\phi(t)$ en un espacio refinado V_1.

Este espacio tiene una escala más fina $\Delta t = \frac{1}{2}$ y contiene a $\phi(t)$ que tiene escala $\Delta t = 1$

IMPORTANTE: la ecuación de dilatación es una consecuencia directa de $V_o \subset V_1$.

No es un requerimiento extra. Habrá un conjunto finito de coeficientes $h(0)$, $h(1),...,h(N)$ cuando $\phi(t)$ tiene soporte compacto $[0,N]$. Si $\phi(t)$ tiene soporte infinito se necesitarán infinitos coeficientes $h(n)$.

Para encontrar estos coeficientes, se multiplica la ecuación de dilatación por $\sqrt{2}.\phi(2t-n)$, se integra y se usa la ortogonalidad de los $\phi(2t\text{-}k)$

$$\sqrt{2}\int_{-\infty}^{\infty} \phi\ (t).\phi\ (2t-n).dt = h(n) \qquad\qquad (4)$$

A2.5. LA ECUACIÓN ONDITA

Las funciones $\phi(2^j t - k)$ son ortogonales en cada escala separadamente pero no entre niveles: $\phi(t)$ no es ortogonal a $\phi(2t)$

La ortogonalidad entre escalas se da en los subespacios W_j y sus funciones de base $\psi_{j,k}(t)$

De la Propiedad 4: $V_j \oplus W_j = V_{j+1}$ luego W_j es complemento de V_j respecto a V_{j+1}

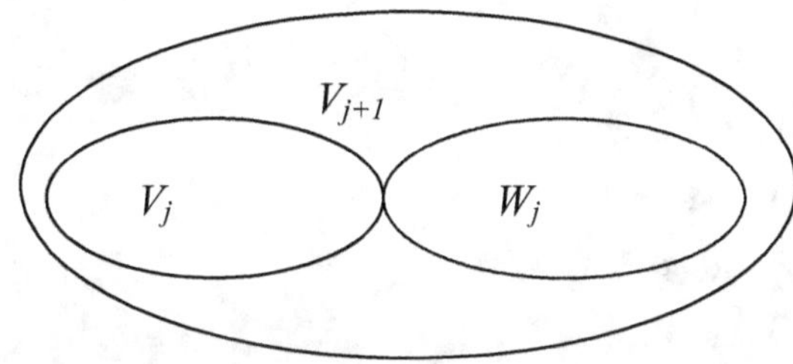

Si en particular W_j es el **complemento ortogonal** de V_j respecto a V_{j+1}, por ser:

$$V_o \oplus W_o = V_1 \quad ; \quad V_1 \oplus W_1 = V_2$$

resulta ser W_1 ortogonal a todos los vectores de V_1 y por lo tanto a todos los vectores de W_o, luego $\psi(2t)$ es ortogonal a $\psi(t)$, esto es

$$\int_{-\infty}^{\infty} \psi(t).\psi(2^j - k)dt = 0 \quad\quad para \quad j \neq 0,\ k \neq 0$$

Por estar $W_j \subset V_{j+1}$, los vectores de W_j son combinación lineal de los vectores de base V_{j+1}, por lo tanto

$$\psi(t) = \sqrt{2} \sum_{k} g(k).\phi\ (2t - k) \qquad\qquad (5)$$

expresión que constituye la llamada **ecuación ondita** donde se observa la vinculación de la función escala con la función ondita.

Resta determinar cuales son los coeficientes *"g"*.

EJEMPLO

Tomando

$$\phi\,(t) = \begin{cases} 1 & para \quad 0 \le t < 1 \\ 0 & otros \end{cases}$$

V_o está constituido por las funciones constantes en intervalos unitarios y V_1 contiene las funciones constantes en intervalos mitad.

$W_o \subset V_1$ por lo tanto está formado por señales constantes en intervalos mitad.

$W_o \perp V_o$ luego $W_o =\{$ funciones constantes en intervalos mitad con $x(n) + x(n+\dfrac{1}{2}) = 0 \}$

Solución: **la ondita Haar**

$$\psi(t) = \begin{cases} 1 & para \quad 0 \le t < 1/2 \\ -1 & para \quad 1/2 \le t < 1 \\ 0 & otros \end{cases}$$

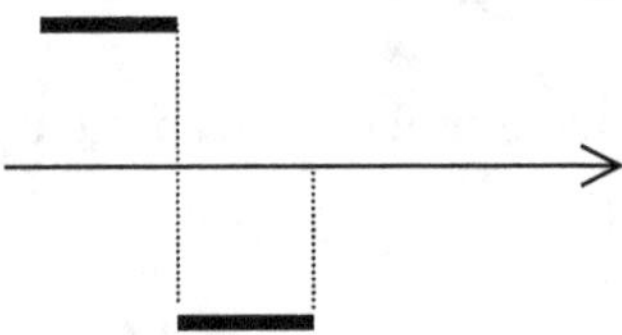

$\psi(t)$ es ortogonal a la función caja $\phi\,(t)$ Es ortogonal a las traslaciones de ϕ y también a sus propias traslaciones ya que no hay solape entre $\psi(t)$ y $\psi(t\text{-}k)$.

Las traslaciones de $\psi(t)$ generan W_o. Las traslaciones de $\psi(2^j\,t)$ generan W_j.

Estos subespacios son ortogonales ya que $W_{j\text{-}1} \subset V_j$ y $V_j \perp W_j$

La propiedad de completitud hace que $\{2^{j/2}\psi(2^j\,t - k), j \in \mathbb{Z}, k \in \mathbb{Z}\}$ sea una base ortonormal.

A2.6. ONDITAS A PARTIR DE FILTROS

Se han planteado las dos ecuaciones fundamentales:

$$\phi\ (t) = \sqrt{2} \sum_k h(k).\phi\ (2t - k) \qquad\qquad \text{ecuación de dilatación}$$

$$\psi(t) = \sqrt{2} \sum_k g(k).\phi\ (2t - k) \qquad\qquad \text{ecuación ondita}$$

que establecen las vinculaciones entre las funciones ϕ que generan la secuencia de subespacios Vj y las funciones ψ_{jk} que forman la base de $L^2(\mathbb{R})$.

De la ecuación de dilatación, tomando su Transformada de Fourier:

$$\int \phi(t).e^{-j\omega t}dt = \sqrt{2}\sum_k h(k) \int \phi(2t - k).e^{-j\omega t}dt$$

de donde:

$$\Phi(\omega) = H\left(\frac{\omega}{2}\right)\Phi\left(\frac{\omega}{2}\right)$$

$H(\omega)$ es la Transformada de Fourier de $\{h(n)\}$ la cual es periódica en frecuencia.

Si $\Phi(0) \neq 0 \;\Rightarrow\; H(0) = 1$. Veremos que $H(\omega)$ puede ser interpretada como la respuesta en frecuencia de un filtro pasabajo.

Si se continúa la descomposición:

$$\Phi(\omega) = H\left(\frac{\omega}{2}\right)\Phi\left(\frac{\omega}{2}\right) = H\left(\frac{\omega}{2}\right)H\left(\frac{\omega}{4}\right)\Phi\left(\frac{\omega}{4}\right) = \prod H\left(\frac{\omega}{2^k}\right)\Phi(0)$$

Sin pérdida de generalidad puede hacerse $\Phi(0) = 1 \;\Rightarrow\; \Phi(0) = \int \phi(t)dt = 1$ de donde resulta la función escala normalizada a partir de la expresión:

$$\boxed{\Phi(\omega) = \prod_{k=1}^{\infty} H\left(\frac{\omega}{2^k}\right)} \qquad\qquad (6)$$

Lo que indica que la función escala está completamente determinada por el filtro $H(\omega)$.

Veamos que condiciones debe cumplir el filtro para poder generar una función escala apropiada.

Como $\{\phi(t - k)\}$ es un conjunto ortonormal:

$$\int \phi(t)\,\overline{\phi}(t-n)\,dt = \delta(n) \quad para \quad n \in \mathbb{Z}$$

De la relación de Parseval:

$$\int \Phi(\omega).\overline{\Phi}(\omega).e^{-j\omega n}\,d\omega = 2\pi\delta(n)$$

Tomando sumatoria sobre todos los n:

$$\int \Phi(\omega).\overline{\Phi}(\omega)\sum_n e^{-j\omega n}\,d\omega = 2\pi\int \Phi(\omega).\overline{\Phi}(\omega)\sum_n \delta(\omega-2n\pi)\,d\omega = 2\pi$$

Luego:

$$\sum_k \left|\Phi(\omega+2k\pi)\right|^2 = 1 \quad \forall\,\omega$$

Sustituyendo:

$$\sum_k \left|\Phi(\omega+2k\pi)\right|^2 = \sum_k \left|H\left(\frac{\omega+2k\pi}{2}\right)\Phi\left(\frac{\omega+2k\pi}{2}\right)\right|^2 = \sum_k \left|H\left(\frac{\omega}{2}+k\pi\right)\Phi\left(\frac{\omega}{2}+k\pi\right)\right|^2$$

$$\sum_{n=-\infty}^{\infty} \left|H\left(\frac{\omega}{2}+2n\pi\right)\Phi\left(\frac{\omega}{2}+2n\pi\right)\right|^2 + \sum_{n=-\infty}^{\infty} \left|H\left(\frac{\omega}{2}+(2n+1)\pi\right)\Phi\left(\frac{\omega}{2}+(2n+1)\pi\right)\right|^2$$

donde se ha particionado la variable k en sus partes pares e impares. Como $H(\omega)$ es periódica en frecuencia de período 2π, $H(\omega)=H(\omega+2\pi)$ con lo cual:

$$\left|H\left(\frac{\omega}{2}\right)\right|^2 \sum_{n=-\infty}^{\infty}\left|\Phi\left(\frac{\omega}{2}+2n\pi\right)\right|^2 + \left|H\left(\frac{\omega}{2}+\pi\right)\right|^2 \sum_{n=-\infty}^{\infty}\left|\Phi\left(\frac{\omega}{2}+(2n+1)\right)\right|^2 = 1$$

de donde:

$$\boxed{H(\omega).\overline{H}(\omega)+H(\omega+\pi).\overline{H}(\omega+\pi)=1 \text{ para todo } \omega \qquad (7)}$$

Como $H(0)=1 \;\Rightarrow\; H(\pi)=0$ por lo que la función escala es generada por un filtro $H(\omega)$ el cual es pasa-bajo

Para computar la ondita prototipo se parte de la Ecuación Ondita:

$$\psi(t) = \sqrt{2}\sum_k g(k)\phi(2t-k)$$

Haciendo su Transformada de Fourier:

$$\Psi(\omega) = G\left(\frac{\omega}{2}\right)\Phi\left(\frac{\omega}{2}\right) = G\left(\frac{\omega}{2}\right)\prod_{k=2}^{\infty} H\left(\frac{\omega}{2^k}\right) \tag{8}$$

Lo que permite introducir se un nuevo filtro $G(\omega)$.

Se pretende que el conjunto $\{\psi(t-n) \quad n \in \mathbb{Z}\}$ forme una base ortonormal para W_o y $\{\psi_{m,n}(t) \quad para \quad m \; fijo\}$ la correspondiente a W_m.

Bajo estas condiciones, se muestra que el filtro $G(\omega)$ debe satisfacer:

$$H(\omega).\overline{G}(\omega) + H(\omega + \pi).\overline{G}(\omega + \pi) = 0 \tag{9}$$

El par de filtros $H(\omega) \quad ; \quad G(\omega)$ se llaman **filtros espejo en cuadratura** para MRA.

Una solución es: $G(\omega) = -e^{-j\omega}\overline{H}(\omega + \pi)$ lo cual implica:

$$g(k) = (-1)^k h(1-k) \tag{10}$$

Como $H(0) = 1 \quad y \quad H(\pi) = 0$ resulta $G(0) = 0 \quad y \quad G(\pi) = 1$, luego $G(\omega)$ es un filtro pasa-alto

En resumen: tanto la función escala $\phi(t)$, como la ondita madre $\psi(t)$ pueden ser generadas a partir de un par de filtros espejo en cuadratura $H(\omega) \quad y \quad G(\omega)$.

Además de exigir que $H(0) = G(\pi) = 1 \quad y \quad H(\pi) = G(0) = 0$, se pueden imponer condiciones adicionales. Una propiedad deseable es que ambas, $\phi(t), \psi(t)$, sean suaves, lo cual se consigue haciendo que las derivadas hasta un cierto orden del filtro pasa-bajo se anulen en π.

Se puede concluir que la construcción de una ondita adecuada para nuestras necesidades se reduce al diseño del par de filtros espejo en cuadratura.

BIBLIOGRAFÍA

M. Akay. *Time Frequency and Wavelets in Biomedical Signal Processing*. IEEE Press1998

F. Auger - P.Flandrin – P. Gonçalvés – O.Lemoine. *Time-Frequency Toolbox for Use with MATLAB*. CNRS(France) – Rice University (USA)

R. Baraniuk. *Beyond Time-Frequency Analysis: Energy Densities in one or many Dimensions*. IEEE Transactions on Signal Processing. Vol. 46 N°9 Set. 1998.

R. Baraniuk – P. Flandrin – A. Janssen – O. Michel. *Measuring Time-Frequency Information Content using the Rényi Entropies*. Submitted to IEEE Transactions on Information Theory – 2000.

R. Baraniuk. *Optimal Phase Kernels for Time-Frequency Analysis*. Proc.IEEE Int. Conf. Acoust., Speech, Signal Processing – ICASSP. 1996.

G. Cumningham – W. Williams. *Vector Valued Time-Frequency Representations*. IEEE Transactions on Signal Processing. Vol 44 N°7 Julio 1996.

I. Daubechies. *Ten Lectures on Wavelets*. CBMS-NSF Regional Conference Series in Applied Mathematics. 1992.

D. Donoho – X. Huo. *Uncertainty Principles and Ideal Atomic Decomposition*. Statistic Department – Stanford University. 1999.

F. Hlawatsch – G. Matz. *Time-Frequency Signal Processing: A Statistical Perspective*. Institute of Communications and Radio-Frequency Engineering – Vienna University of Tecnology. 1999.

F. Hlawatsch – B. Bartels. *Linear and Quadratic Time-Frequency signal representations*. IEEE SP Magazine, pp21-67. 1992.

G. Kaiser. *A Friendly Guide to Wavelets*. Birkhäuser. 1994.

S. Kay – J. Gabriel. *Optimal Invariant Detection of a Sinusoi with Unknown Parameters*. IEEE Transactions on Signal Processing Vol. 50 N°1. Enero 2002.

T. Parks. *Time-Frequency Analysis of Periodic Signals*. EE290t: Advanced Topics in Signal Processing. 1991.

S. Qian – D. Chen. *Joint Time-Frequency Análisis*. Prentice Hall. 1996.

K. Shanmugan – A. Breipohl. *Random Signals – Detection, Estimation and Data Analysis*. John Wiley &Sons. 1988.

A. Sayeed – D. Jones. *Time-Frequency Detectors*. Coordinated Science Laboratory – University of Illinois USA. 1996.

A.Sayeed – D. Jones. *Blind Quadratic and Time-Frequency based Detectors from training data*. Coordinated Science Laboratory – University of Illinois USA. 1996.

Y. Shi - D. Zhang. *A Gabor Atom Network for signal Classification with Application in Radar Target Recognition*. IEEE Transactions on Signal Processing Vol. 49 N°12. Diciembre 2001.

G. Strang – T. Nguyen. *Wavelets and Filter Banks*. Wellesley-Cambridge Press. 1996.

L. Stankovié – I. Djurovic. *Robust Wigner Distribution with Application to the Instantaneous Frequency Estimation*. IEEE Transactions on Signal Processing Vol 49 N°12. Diciembre 2001.

V. Zheludev - L. Averbuch. *Time-Frequency Distributions with Complex Argument*. IEEE Transactions on Signal Processing Vol. 50 N° 3. Marzo 2002.

La presente edición se
terminó de imprimir en
Jorge Sarmiento Editor
en el mes de setiembre del
2020.

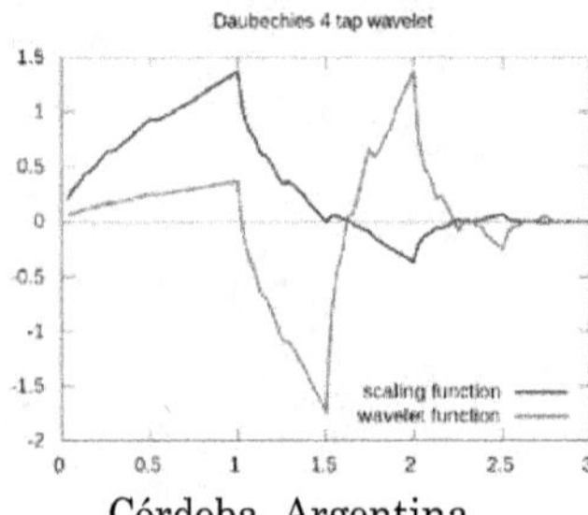

Córdoba, Argentina

UNIVERSITAS

UNIVERSITAS
Editorial Científica Universitaria

Obispo Trejo 1404-2B. B° Nueva Córdoba. Te: 351 3650681. Córdoba

9 789875 720411